Betriebliche Personalforschung.
Eine problemorientierte Einführung

bivariate DA
schließende Statistik

Werner Nienhüser, Christina Krins

Betriebliche Personalforschung

Eine problemorientierte Einführung

Rainer Hampp Verlag   München und Mering   2005

Bibliografische Information Der Deutschen Bibliothek

Die Deutsche Bibliothek verzeichnet diese Publikation in der Deutschen
Nationalbibliografie; detaillierte bibliografische Daten sind im Internet über
http://dnb.ddb.de abrufbar.

ISBN: 3-87988-932-5
1. Auflage, 2005

© 2005   Rainer Hampp Verlag   München und Mering
          Meringerzeller Str. 10   D – 86415 Mering

          www.Hampp-Verlag.de

Liebe Leserinnen und Leser!
Wir wollen Ihnen ein gutes Buch liefern. Wenn Sie aus irgendwelchen Gründen
nicht zufrieden sind, wenden Sie sich bitte an uns.

Inhaltsverzeichnis

1 Einführung

Dieses Lehrbuch[1] richtet sich in erster Linie an (künftige) betriebliche Praktikerinnen und Praktiker, die mit Forschungsmethoden wenig vertraut sind, zu deren (potenziellen) Aufgaben es aber gehört, zum einen selbst empirische Untersuchungen durchzuführen, etwa in Form von Mitarbeiterbefragungen oder der Evaluation von personalwirtschaftlichen Maßnahmen, und zum anderen wissenschaftliche Erkenntnisse (vor allem Befunde empirischer Untersuchungen zu personalwirtschaftlichen Fragen) zu verstehen und bei ihrer praktischen Arbeit zu berücksichtigen. Gleichzeitig bietet das Buch Hilfen zur Gestaltung und Überprüfung personalpolitischer Instrumente – z.B. der Personalauswahl, der Arbeitsbewertung, der Personalbeurteilung oder der betrieblichen Arbeitsmarktforschung –, bei denen es notwendig ist, Daten und Informationen systematisch und zielgerichtet zu erfassen. Kompetenzen und das notwendige Wissen hierzu werden mit diesem Buch vermittelt. Wir konzentrieren uns also auf die spezifischen Probleme der betrieblichen Personalforschung und legen besonderen Wert darauf, mit Hilfe von teilweise realen, teilweise konstruierten Beispielen zu zeigen, wie die Instrumente der empirischen Sozialforschung für personalwirtschaftliche Fragestellungen angewandt werden können.

Entstanden ist dieses Buch vor dem Hintergrund, dass wir in unseren Vorlesungen verschiedene, ganz ausgezeichnete Lehrbücher der empirischen Sozialforschung eingesetzt haben, die sich aber letztlich doch zumindest in wichtigen Aspekten als wenig geeignet erwiesen haben. Im Kern dürfte dies daran liegen, dass die Lehrbücher zur empirischen Sozialforschung eben von Sozialwissenschaftlern (manchmal auch von Statistikern) für Sozialwissenschaftler, in der Regel für Studierende der Soziologie oder Psychologie, geschrieben wurden und daher sinnvollerweise auch Beispiele aus diesen Disziplinen verwendet werden. So geht es um Wahlanalysen, um die Messung des Engagements für Umweltschutzprobleme, um die Gründe des „Schwarzfahrens", um die Einschätzung des Ruhrgebiets als Wohnregion (um nur einige, zufällig ausge-

---

[1] Eine frühere Version ist als Fernstudienskript der Wirtschafts- und Sozialwissenschaftlichen Hochschule Lahr erschienen.

wählte Beispiele aus zwei von uns auch immer noch empfohlenen Lehrbüchern zu nennen). Solche Beispiele bringen die Problematik mit sich, dass man sie entweder in den für uns relevanten Kontext der Personalforschung übertragen muss. Dies ist in der Regel nicht ohne weiteres möglich. Oder man muss selbst passende Beispiele ausarbeiten. Genau dies ist ein wichtiger Teil unseres Buches – die Präsentation von Beispielen, um hieran möglichst plastisch die Probleme und Lösungsansätze der Personalforschung zu verdeutlichen.

Dies würde aber allein noch nicht unbedingt begründen, warum wir dieses Buch geschrieben haben. Hinzu kam, dass in den meisten uns bekannten Lehrwerken etwas vorausgesetzt, aber nicht vermittelt bzw. angeleitet wird, was wir „forschendes Denken" nennen. Damit meinen wir eine bestimmte Herangehensweise an Probleme, die man auch sehr allgemein als „wissenschaftliche Methode" bezeichnen könnte: Denken in Ursache-Wirkungs-Zusammenhängen; sich fragen, warum etwas so ist, wie es ist; sich fragen, ob etwas immer und überall so ist, wie es ist; nach alternativen Erklärungen suchen; Methoden auch in Frage zu stellen; Kriterien anzuwenden, zu formulieren und zu reflektieren, um Forschungsergebnisse, Methoden usw. beurteilen zu können – all dies ist zwar in vielen Lehrbüchern im Kern angelegt, kommt aber letztlich doch zu kurz. Eine solche Perspektive versuchen wir in diesem Buch den Leserinnen und Lesern nahe zu bringen.

Schließlich hat uns noch ein drittes Problem bewogen, dieses Buch zu schreiben. Wir fassen nicht nur z.B. Mitarbeiterbefragungen als Personalforschung auf. Vielmehr sehen wir etwa auch das betriebliche Personalauswahlgespräch (Einstellungsinterview), die Arbeitsbewertung oder die Analyse des für den Betrieb relevanten Arbeitsmarktes als Personalforschung an. Auch hier geht es um Informationsgewinnung, auch hier stellen sich z.B. Fragen nach der Validität (wird gemessen, was gemessen werden soll), nach der Wahl der angemessenen Methode.

Alles in allem kann und soll unser Buch die vielen guten Lehrbücher der empirischen Sozialforschung nicht ersetzen, sondern ergänzen. Zum Verständnis des Textes sind Kenntnisse statistischer Methoden nur in geringem Maße erforderlich – sie sind gleichwohl äußerst nützlich und für die Durchführung von empirischen Untersuchungen unverzichtbar. Wir be-

2

schränken uns hier darauf, die Grundgedanken und die Logik einiger weniger statistischer Verfahren zu skizzieren (z.B. der Skalenanalyse, der Korrelations- und Kreuztabellenanalyse oder das Prinzip des Signifikanztests). Zu weitergehenden Aspekten der Statistik sollten Sie entsprechende Bücher konsultieren. (Im Literaturverzeichnis führen wir einige sehr gut verständliche Publikationen auf.)

Die Lernziele dieses Lehrbuches lauten:

- Sie sollen empirische Untersuchungen für praktische Zwecke durchführen können.

- Sie sollen wissenschaftliche (und andere) Untersuchungen und Ergebnisse beurteilen und verwerten können.

- Sie sollen die Eignung der Methoden der Datenerhebung und teilweise auch der Datenanalyse für personalwirtschaftliche Untersuchungszwecke einschätzen und anwenden können.

Zu jedem Lernabschnitt stellen wir Fragen, mit denen Sie Ihr Verständnis der Inhalte überprüfen können. Die Antworten hierzu sowie weitere Informationen finden Sie auf unserer Internetseite: „www.hrmresearch.de"

1.1 Begriff und Anwendungsbereiche der Personalforschung

1.1.1 Begriff der Personalforschung

Unter Personalforschung verstehen wir die systematische Gewinnung und Verarbeitung von Informationen in Bezug auf personalwirtschaftliche Entscheidungen (ähnlich Weber 1992: 1690; Drumm 2000: 82). Personalwirtschaftliche Entscheidungen sind dabei solche, die sich auf die Beschaffung, Verwertung, Erhaltung und Veränderung des aggregierten Arbeitsvermögens (des Personals) beziehen. Personalforschung soll der Verbesserung personalwirtschaftlicher Entscheidungen dienen. Damit fallen nicht nur Untersuchungen von Wissenschaftler, z.B. über die Arbeitszufriedenheit der Beschäftigten eines Betriebes, oder betriebliche Mitarbeiterbefragungen unter den Begriff der Personalforschung. Vielmehr haben wir ein weit gefasstes Begriffsverständnis: Auch beim Personalauswahlgespräch, bei der Arbeitsbewertung oder der Analyse von für den Betrieb wichtigen Ausschnitten des Arbeitsmarktes handelt es sich nach unserer Definition um Personalforschung.

1.1.2 Anwendungsbereiche der Personalforschung

Wir wollen wesentliche Anwendungsbereiche und Fragestellungen betrieblicher Personalforschung zunächst anhand von vier Beispielen erläutern:

(1) *Bewertung von Personalauswahlverfahren.* Die Personalleiterin eines Unternehmens mit 7000 Mitarbeitern (hier Alpha genannt) bekommt eines Tages ein Angebot eines renommierten Softwareunternehmens auf den Schreibtisch. Angeboten wird ein Softwarepaket zur Computergestützten Personalauswahl. Zum Beispiel gibt das Paket eine Reihe von Fragen vor, die man im Personalauswahlgespräch stellen sollte – oder zumindest stellen könnte; außerdem bietet die Software Module mit komplexen Übungen an, aus denen sich der Anwender ein Assessment-Center-Verfahren zusammenstellen kann. Man kann zudem die Antworten der Kandidaten bzw. die Ergebnisse, die sie bei Übungen erzielt haben, mit Hilfe der Software erfassen, die erfassten Daten auswerten und erhält so eine Liste der „besten" Bewerber. Die Personalleiterin und ihr Assistent stehen nun vor der Entscheidung, ob die Software für sie interessant sein könnte. Ihre Anwendung hätte möglicherweise einen Rationalisierungsvorteil: Die beiden Personalexperten verwenden oftmals erhebliche Mühe und Zeit für die Vorbereitung von Auswahl- bzw. Einstellungsinterviews und diskutieren häufig darüber, mit welchen Fragen bzw. Auswahlverfahren man die „richtigen", d.h. für die Anforderungen des Arbeitsplatzes am besten geeigneten Kandidatinnen und Kandidaten herausfinden kann. Die Entscheidung wird dadurch erschwert, dass der Preis für die Software recht hoch ist. In der Diskussion zwischen der Personalleiterin und ihrem Assistenten tauchen nun eine Reihe von Fragen auf: Wie gut sind die Personalauswahlfragen, die die Software „vorschlägt"? Passen sie überhaupt zu den Anforderungen, die in diesem Unternehmen an die Arbeitnehmer gestellt werden? Haben sich die Fragen und Auswahlverfahren in anderen Unternehmen bewährt? In dem beigefügten Prospekt verweist der Anbieter darauf, dass seine Software von vielen namhaften großen deutschen, auch international tätigen Unternehmen eingesetzt würde. In einem Nebensatz wird auf eine „hohe Prognosevalidität" verwiesen. Den beiden Personalexperten ist nicht klar, wie hoch nun die Prognosevalidität tatsächlich ist; beide sind sich zudem unsicher, was der Begriff genau bedeutet. In der weiteren Diskussion stellt

sich heraus, dass beide auch nicht wissen, ob das bisher bei Alpha z.B. für die Auswahl des Führungskräftenachwuchses verwendete Verfahren ein „gutes" Verfahren ist – so ist der Erfolg des „selbst gestrickten" und sehr teuren Assessment-Centers noch nie systematisch evaluiert worden: Man hat auf diese bereits seit langem etablierte Methode zurückgegriffen, weil sie „einfach schon da war", und – so die Personalleiterin – „irgendwie hat man ja auch gute Erfahrungen damit gemacht". Kurz und gut: Die durch das Software-Angebot ausgelöste Diskussion hat eine ganze Reihe von Fragen aufgeworfen. Die Personalleiterin und ihr Assistent vereinbaren, vor der Entscheidung für die Computerunterstützte Personalauswahl zunächst den Erfolg des eigenen ACs zu untersuchen – beide haben allerdings noch keine genaue Vorstellung davon, wie eine solche Untersuchung aussehen könnte.

(2) *Analyse der Mitarbeiterzufriedenheit.* In einem Unternehmen mehren sich die Hinweise von Vorgesetzten, dass viele Mitarbeiter mit dem Prämiensystem nicht (mehr) zufrieden sind. Zudem ist die Fluktuation gestiegen: Gerade eigens durch das Unternehmen ausgebildete Fachkräfte kündigen in der letzten Zeit häufiger. Der Personalleiter wird deswegen beauftragt, eine Mitarbeiterbefragung durchzuführen, um nicht nur die Zufriedenheit mit dem Entgeltsystem, sondern auch mit anderen Aspekten der Arbeitstätigkeit festzustellen. Zudem sollen die Ursachen für die erhöhte Fluktuation und die vermutete Unzufriedenheit untersucht werden. Durch die Befragung ist zudem von Seiten der Unternehmensleitung beabsichtigt, den organisationalen Kommunikationsprozess zu intensivieren und ggf. geeignete Umstrukturierungen und Veränderungen vorzunehmen. Jedoch entstehen schon bei der Vorbereitung der Befragung Konflikte: Der Betriebsrat möchte Fragen auch nach der Zufriedenheit mit der Höhe der Prämien stellen. Er hat ein Interesse daran, die Prämien (bei gleich bleibender Arbeitsleistung) zu steigern. Die Unternehmensleitung will dagegen an der Prämienhöhe nichts ändern, daher hält sie auch Fragen in diesem Bereich für problematisch.

(3) *Untersuchung des Erfolgs von Gruppenarbeit.* Bei Beta, einem Unternehmen mit 1000 Mitarbeitern, das komplexe Elektronikbauteile für die Industrie entwickelt und herstellt, soll in der Produktion Gruppenarbeit eingeführt werden. Zunächst will man an zwei von insgesamt acht Fertigungslinien mit der Gruppenarbeit beginnen. Nach einem Jahr soll

dann entschieden werden, ob die Reorganisation Erfolg gehabt hat. In der Projektgruppe, die die neue Organisationsform einführen und auch die Evaluation vorbereiten und durchführen soll, entsteht ein heftiger Streit darüber, wie genau der Erfolg festgestellt werden kann. Man ist sich einig darüber, dass man einerseits „harte" ökonomische Kriterien wie Arbeitsleistung, Qualität (die in dem Unternehmen sehr wichtig ist), Ausschussreduktion, Fehlzeiten usw. verwenden will, andererseits auch „weiche" Kriterien wie Arbeitszufriedenheit, Arbeitsmotivation und die Konstruktivität der Zusammenarbeit in der Gruppe. Der Assistent des Personalleiters wird beauftragt, in Kooperation mit dem Betriebsrat ein Evaluationskonzept zu entwickeln.

(4) *Analyse der Qualität eines Personalbeurteilungsbogens.* In einer Bank wurde ein mehrseitiger Personalbeurteilungsbogen entwickelt. Dieser dient dazu, die Auszubildenden zu bewerten. Bewertungskriterien sind vor allem Leistung, fachliche Qualifikation und Sozialkompetenz. Diejenigen, die bei der Beurteilung schlecht abschneiden, werden nach Abschluss ihrer Berufsausbildung nicht in ein festes Arbeitsverhältnis übernommen. Die Entwicklung des Beurteilungsbogens hat das Unternehmen sehr viel Zeit und Geld gekostet. Bei einer Präsentation des Beurteilungsbogens auf einer personalwirtschaftlichen Tagung stellt ein Teilnehmer die Frage, ob das Verfahren denn valide sei – ob es tatsächlich die „Besseren" von den „Schlechteren" trenne. Der Entwickler des Beurteilungsverfahrens kann auf diese Frage lediglich entgegnen, dass die Erfahrungen recht gut seien, eine systematische Untersuchung über den Zusammenhang zwischen einem guten Abschneiden in der Personalbeurteilung und späterem Erfolg in dem Unternehmen habe man jedoch bisher nicht durchgeführt, und man plane auch eine solche Analyse nicht. Der kritische Teilnehmer meldet sich noch einmal zu Wort und bemerkt, er halte das Verfahren so lange für ungeeignet, bis ein Validitätstest vorliege.

Zusammenfassend lässt sich festhalten, in all diesen Beispielen geht es

- um das Feststellen von Zuständen (wie zufrieden sind die Mitarbeiter; wie hoch sind die Fehlzeiten in einem bestimmten Bereich?),

- um die Untersuchung von Zusammenhängen (was sind die Ursachen der Unzufriedenheit; wie wirken personalwirtschaftliche Instrumente oder Maßnahmen, etwa Personalauswahlverfahren oder Gruppenarbeit?), aber auch

- um die Beurteilung von (wissenschaftlichen) Untersuchungen, die z.B. von Anbietern bestimmter Instrumente als Qualitätsargument angeführt werden.

Allgemein gesagt müssen in der Personalarbeit Entscheidungen getroffen werden, für die man Informationen benötigt. Diese Informationen werden mit den Methoden der Personalforschung gewonnen. Die Anwendungsbereiche der Forschungsmethoden sind dabei sehr weitreichend, wie Übersicht 1 zeigt.

Betrachten wir beispielsweise die Mitarbeiterbefragung. Hier geht es u.a. darum, das Betriebsklima zu erfassen, festzustellen, wie die Mitarbeiter personalpolitische Maßnahmen (etwa ein neues Lohnsystem) einschätzen oder generell die Arbeitszufriedenheit (bezogen auf Arbeitsinhalte, das Verhältnis zu Vorgesetzten und Kollegen usw.) zu untersuchen. Man kann durchaus sehr unterschiedliche Methoden einsetzen: So wäre es möglich, mündliche, persönliche Interviews durchzuführen, ebenso könnte man die Methode einer schriftlichen Befragung mit mehr oder weniger strukturierten Fragen anwenden (wenn Sie sich fragen sollten, was das ist – wir kommen darauf zurück). In letzter Zeit wird bei Befragungen vermehrt das betriebliche Intranet oder sogar das Internet eingesetzt: Die Mitarbeiter füllen den Fragebogen am Bildschirm aus.

Einige der Beispiele aus Übersicht 1 erscheinen Ihnen möglicherweise – anders als die Mitarbeiterbefragung – nicht als Personalforschung. Wir meinen jedoch, dass es sich streng genommen auch bei der Durchführung eines Einstellungsinterviews, einer Personalbeurteilung oder eines *Assessment-Centers* (AC) usw. um Personalforschung handelt und dass es notwendig ist, sich mit wichtigen Fragen der Personalforschung selbst dann zu befassen, wenn man keine eigene Untersuchung durchführen will und auch nicht das Problem der Beurteilung wissenschaftlicher oder anderer Erkenntnisse zu haben meint. Allen in Übersicht 1 genannten Maßnahmen ist gemeinsam, dass mit Forschungsmethoden Daten erhoben werden, die die Realität möglichst genau erfassen sollen.

Maßnahme	Ziele (Beispiele)	Methoden (Beispiele)
Mitarbeiterbefragung	Betriebsklimastudien, Einschätzung von personal-politischen Maßnahmen durch die Mitarbeiter, Arbeitszufriedenheitsanalyse	Interview, schriftliche Befragung, Umfrage über das Intranet, Gruppendiskussion
Einstellungsinterview	Auswahl geeigneter Mitarbeiter	Unstrukturiertes oder strukturiertes Interview
Einstellungstest	Einstellung von geeigneten Auszubildenden	Verschiedene standardisierte Tests (Intelligenztests, Büroarbeitstests, Tests bezogen auf das technisch-naturwissenschaftliche Verständnis)
Personalbeurteilung (Leistungsbeurteilung, Potenzialbeurteilung)	Gehaltsfindung, Leistungszulagen, Personalentwicklung	Unstrukturierte Beobachtung, Analyse von Dokumenten (z.B. Verkaufszahlen), schriftliche Befragung, Mitarbeitergespräch
Assessment-Center	Entscheidungen über Einstellung, Aufstieg, Personalentwicklung	Tests (z.B. Postkorb-Übung), Beobachtung, Gruppendiskussion
Aufgabenanalyse	Erfassung der Qualifikationsanforderungen und der Arbeitsbelastung	Beobachtung, Expertenbefragung
Organisations-entwicklung	Einführung neuer Arbeitsformen, Verbesserung des sozialen Klimas	Befragung, Gruppendiskussion, Inhaltsanalyse
Abgangsgespräch	Analyse von Fluktuationsgründen	Unstrukturiertes Interview
Arbeitsmarkt-beobachtung	Feststellung des künftig verfügbaren Arbeitskräfte-potentials: z.B. Analyse der Qualifikationsent-wicklung und demographischer Veränderungen	Sekundäranalysen (z.B. Auswertung der Befunde amtlicher Statistiken)
Personal-Controlling	Erfassung von Schwachstellen in Bereichen wie: Kosten, Absentismus, Leistung, Fluktuation usw.	Dokumentenanalyse, Sekundär- und Vergleichsstudien

Übersicht 1: Ziele und Methoden der Datengewinnung in der Personalforschung

Greifen wir das Einstellungsinterview als Beispiel heraus: Hier werden mit Hilfe der mündlichen Befragung Daten erhoben, die die Eigenschaften, die Qualifikationen des Bewerbers oder der Bewerberin möglichst gut repräsentieren müssen; schließlich wollen wir auf der Basis dieser gegenwärtigen Eigenschaften das künftige Leistungsverhalten prognostizieren. Nutzen wir nun aber das richtige Datenerhebungsverfahren? Ist z.B. ein stark strukturiertes, an vorgegebenen Fragen orientiertes Interview besser als ein eher gering strukturiertes, „natürliches" Gespräch? Wie verarbeitet man die Ergebnisse vieler Interviews, wie können die Daten so aufbereitet werden, dass ein Vergleich der Bewerber möglich ist? Zwar findet man für die Durchführung von Personalauswahlinterviews – wie für den Einsatz vieler anderer personalwirtschaftlicher Instrumente – erfahrungsbasierte Regeln, wie man vorgehen soll. Wir halten es jedoch für sinnvoller, sich die weitreichenden und systematischen Regeln der empirischen Forschung anzueignen und dann jeweils auf spezielle Problemstellungen (wie das Auswahlinterview) anzuwenden, als für jede spezifische Problemstellung isolierte Regeln aufzustellen und heranzuziehen. Grundsätzlich geht es bei der Personalforschung um systematische Erkenntnisgewinnung – man muss daher die Methoden zur Gewinnung von Erkenntnissen genau kennen, beurteilen können, für welche Probleme welche Methoden geeignet sind, und man muss auch die Grenzen der Methoden kennen. Personalforschung ist keineswegs konfliktfrei: Die Entscheidung, von welcher Problemlage man ausgeht, welche Fragen man für wichtig hält, welche Ergebnisse kommuniziert werden usw. ist interessengeleitet und nicht selten umstritten. Dabei gibt es nicht nur zwischen Management und Betriebsrat Konflikte, sondern auch innerhalb des Managements, etwa zwischen dem Finanz- und dem Personalbereich über den Einsatz von finanziellen Mitteln für die Personalforschung.

Verständnisfragen:
1. Wie definieren Sie den Begriff der Personalforschung?
2. Bei welchen personalwirtschaftlichen Entscheidungen wird Personalforschung betrieben?

3. Welche Datenerhebungsmethoden werden bei folgenden personal-
   wirtschaftlichen Instrumenten bzw. Aufgaben verwendet: bei der
   Analyse von Zeugnisunterlagen, der Personalbeurteilung und dem
   Assessment-Center-Verfahren?

1.2   Arten von Fragestellungen der Personalforschung

Wer forscht, muss wissen, was er wissen will. Nun gibt es ganz unterschiedliche Fragen, die man mit Hilfe der Personalforschung beantworten kann. Die Unterscheidung von Fragetypen hilft, den genauen Informationsbedarf, der durch die jeweilige Untersuchung gedeckt werden
soll, zu präzisieren.

Fragetyp	Beispiel
(1) Beschreibung (Was ist der Fall?)	Wie hoch sind die Fehlzeiten in Abteilung A?
(2) Ursachenforschung (Warum? bzw. Was ist die Ursache von X?)	Warum sind die Fehlzeiten in Abteilung A höher als in Abteilung B?
(3) Wirkungsforschung/ Evaluationsforschung (Wie wirkt Sachverhalt X?)	Wie wirken sich Gruppen-arbeit oder Krankenbesuche auf die Fehlzeiten aus?
(4) Prognose (Was wird zum Zeitpunkt T_{1+n} der Fall sein?)	Wie hoch werden die Fehl-zeiten von Abteilung A (und B) im Jahr 2008 sein?
(5) Hypothesentest (i.e.S.) (Stimmt die wissenschaftliche Aussage: A bewirkt B?)	Ist die Motivationstheorie von Maslow zutreffend?

Übersicht 2: Typen von Fragestellungen in der Personalforschung

Im Folgenden erläutern wir unterschiedliche Typen von Fragestellungen
(siehe auch Übersicht 2) ausführlicher an einem Fallbeispiel, auf das wir
auch an anderer Stelle wieder zurückkommen werden.

Fehlzeiten in der Firma Allesmann
In der Firma Allesmann hat man ein personalwirtschaftliches Problem: zu
hohe Fehlzeiten. Frau Meyner, die Personalleiterin des Unternehmens, hat
festgestellt, dass die Fehlzeiten des Betriebes über dem Branchendurchschnitt liegen; außerdem hat eine weitere Analyse gezeigt, dass in Abteilung I die Fehlzeiten höher sind als in der vergleichbaren Abteilung II. Die
Fehlzeiten in Abteilung I liegen deutlich über dem Branchendurchschnitt,
während sie in Abteilung II etwas niedriger sind. Schon bei der Erfassung
der Fehlzeiten handelt es sich um eine nicht triviale Aufgabe: Nicht in jedem Betrieb werden die Fehlzeiten nach Abteilungen oder Kostenstellen
getrennt erfasst; und es gibt unterschiedliche Arten von Fehlzeiten und verschiedene Berechnungsweisen, die bei einem zwischenbetrieblichen Vergleich zu berücksichtigen sind. Man will jetzt bei Firma Allesmann wissen,
worin die Ursachen für die Fehlzeiten liegen. Die Personal- und Betriebsleitung ist der Meinung, die Fehlzeiten seien zu hoch. (Der Betriebsrat ist
dagegen der Meinung, sie seien zu niedrig, da viele Arbeitnehmer krank
zur Arbeit kämen.) Man will nun die Fehlzeiten reduzieren. Erörtert werden
zwei Maßnahmen: Zum einen überlegt man, Gruppenarbeit einzuführen, da
man sich erhofft, dass der soziale Druck der Gruppe die (vermuteten)
„Blaumacher" dazu zwingt, weniger zu fehlen. Zum anderen denkt man
daran, bei bestimmten Mitarbeitern Krankenbesuche zu machen und durch
diese Drohung „Blaumachen" zu verhindern. Nur weiß man nicht genau,
wie sich diese Maßnahmen auswirken werden. Man spekuliert auch darüber, ob die Instrumente möglicherweise nur kurzfristig wirksam sind,
langfristig jedoch wenig ändern.
Was ist zu tun, um den Wissensstand zu erhöhen? (vgl. zu einer sehr diffe-
renzierten Analyse der Fehlzeitendiskussion auch Neuberger 1997: 303ff.)

(1) Beschreibung: Die generelle Leitfrage, mit der wir den Fragentyp
„Beschreibung" von den anderen abgrenzen können, lautet: Was ist der
Fall? In unserem Fallbeispiel wollte man wissen, wie hoch die Fehlzei-
ten sind. Darüber hinaus hat man schon einen Vergleich mit anderen
Betrieben und zwischen unterschiedlichen Abteilungen vorgenommen –
also bereits Personalforschung betrieben.

(2) Ursachenforschung: Die Besonderheit dieses Fragentyps drückt sich
in der folgenden Leitfrage aus: Warum ist etwas der Fall? Anders formuliert: Warum ist ein bestimmtes Phänomen zu beobachten bzw. was
ist die Ursache dieses Phänomens? In unserem Beispiel geht es um die
Ursachen der Fehlzeiten. Man könnte z.B. vermuten, dass die Ursachen
in der Unzufriedenheit der Mitarbeiter mit ihrem Vorgesetzten liegen.

Eine ganz andere Hypothese, die der vorher genannten aber nicht widerspricht, könnte lauten: Die Arbeit in Abteilung I ist belastender als in Abteilung II und auch schwerer als in anderen Betrieben. Eine dritte Hypothese wäre: Es liegt an der Fehlzeitenkultur. Im Laufe der Zeit hat sich eine von der Mehrheit der Mitarbeiter in Abteilung I geteilte Werthaltung herausgebildet, die häufiges Fehlen weitgehend toleriert. Je nachdem, welche Hypothese man unterstellt, wird man eine andere Art von Untersuchung durchführen. Wenn man nur an die Unzufriedenheit als Ursache glaubt, wird man nur diesen Einflussfaktor erheben; nimmt man an, es liegt an der schweren Arbeit oder an der Fehlzeitenkultur, dann richtet sich die Aufmerksamkeit auf diese Faktoren. Natürlich könnte man auch alle drei Faktoren zu erfassen versuchen und mit bestimmten statistischen Techniken die relative Stärke ihres Einflusses bestimmen. Wir sehen: Je nachdem, welche Zusammenhänge wir vermuten, werden wir anders an die Untersuchung herangehen. Man könnte auch sagen, dass es darauf ankommt, welche Theorie wir zugrunde legen.

(3) Wirkungs- oder Evaluationsforschung: Hier geht es darum, die Wirkung eines personalwirtschaftlichen Instruments oder einer Maßnahme zu untersuchen bzw. zu bewerten (zu evaluieren). Die Leitfrage lautet also: Wie wirkt Sachverhalt X? Nehmen wir an, Firma Allesmann hätte sich dafür entschieden, die Geltung der Fehlzeitenkultur-Hypothese zu unterstellen und die möglichen Ursachen „Unzufriedenheit mit dem Vorgesetzten" und „Schwere der Arbeit" ohne weitere Untersuchung ausgeschlossen. Die Unternehmensleitung hätte daraufhin zudem beschlossen, Gruppenarbeit einzuführen. Wirkungs- oder Evaluationsforschung würde nun heißen, den Einfluss der Gruppenarbeit auf die Fehlzeiten zu untersuchen, d.h. zu prüfen, ob die Maßnahme auch ihren Zweck erfüllt.

(4) Prognose: Die Leitfrage lautet hier: Was wird zum Zeitpunkt T_{1+n} der Fall sein? Es soll ein künftiger Zustand vorausgesagt werden. (Der Index 1+n bedeutet, dass wir die Prognose für einen künftigen Zeitpunkt T_{1+n} treffen wollen, der n Zeitperioden (z.B. Monate, Jahre) vom jetzigen Zeitpunkt T_1 entfernt liegt.) Prognosen sind von großer praktischer Bedeutung. Machen wir uns dies an unserem Beispiel klar. Die Allesmann AG interessiert zum Zeitpunkt der Einführung der Gruppenarbeit,

welchen Effekt die Einführung von Gruppenarbeit auf die Fehlzeiten haben wird. Die Personalleiterin ist in einer personalwirtschaftlichen Zeitschrift auf einen Bericht über eine Studie gestoßen, die sich genau mit dem fraglichen Problem beschäftigt: Es wurde der Einfluss von Gruppenarbeit auf die Fehlzeiten untersucht. Frau Meyner geht davon aus, die hier präsentierten Ergebnisse seien stichhaltig und es gälte die Aussage: „Wenn in einem Betrieb Gruppenarbeit eingeführt wird, dann sinken ceteris paribus (d.h. unter sonst gleichen Bedingungen) die Fehlzeiten nach einem Jahr um 2 Prozent." Weiterhin gilt für die Firma Allesmann die Aussage: „Die Gruppenarbeit wurde am 1. Januar 2003 eingeführt." Es lässt sich daraus logisch ableiten: „Am 1. Januar 2004 wird die Fehlzeitenquote um 2 Prozent niedriger sein als ein Jahr zuvor." Offenbar machen wir ständig Prognosen; prognostische Überlegungen haben in unserem Beispiel die Verantwortlichen bewegt, Gruppenarbeit einzuführen. Was berührt hier nun die Personalforschung, was ist ihre Aufgabe? Es muss zum Zeitpunkt der Prognose die Aussagen über den Zusammenhang zwischen Gruppenarbeit und Fehlzeiten eingeschätzt werden: Ist eine solche Aussage, wie sie in der Praktikerzeitschrift formuliert wurde, begründet? Wie glaubwürdig sind die dargestellten Untersuchungsergebnisse? Hält die Studie anderen wissenschaftlichen Erkenntnissen stand, und ist sie methodisch korrekt durchgeführt worden? Personalverantwortliche müssten prüfen, ob eine solche Vermutung theoretisch fundiert, durch zuverlässige Untersuchungen abgesichert ist und ob spezifische Situationsbedingungen berücksichtigt werden müssen.

(5) Hypothesentest: Dieser Fragentyp zielt darauf ab, eine wissenschaftliche Hypothese zu überprüfen. Die diesen Typ kennzeichnende Leitfrage lautet: „Stimmt die wissenschaftliche Aussage: A bewirkt B"? Man könnte zum Beispiel fragen, ob die Motivationstheorie von Maslow (1977) zutreffend ist. Interessanterweise wird in nahezu allen Lehrbüchern der Empirischen Sozialforschung und auch in vielen Arbeiten zur Personalforschung explizit oder implizit davon ausgegangen, dass die zentrale Fragestellung der Personalforschung darin besteht, wissenschaftliche Hypothesen zu testen. Zwar ist dies sehr wohl eine wichtige Aufgabe wissenschaftlicher Forschung, aber in der betrieblichen Praxis dürfte eine solche Fragestellung kaum eine Rolle spielen: Ein Praktiker

will im Allgemeinen nicht wissen, ob die Motivationstheorie von Maslow (1977) stimmt; er will „mit ihr arbeiten", sie anwenden. Selbstverständlich testet man durchaus bestimmte Annahmen, etwa bei der Wirkungs- bzw. Evaluationsforschung, wenn man wissen will, ob eine Maßnahme die gewünschten Wirkungen zeigte. Im üblichen wissenschaftlichen Sprachgebrauch bezeichnet man eine solche Prüfung allerdings nicht als Hypothesentest. Mit Hypothesentest meint man in der Regel die Prüfung einer abstrakten, allgemeinen Hypothese, nicht dagegen den Test einer konkreteren, evtl. nur für einen einzigen Betrieb relevanten Aussage.

Verständnisfrage:

4. Welche unterschiedlichen Arten von Fragestellungen liegen den folgenden Untersuchungen zugrunde?
   (a) Überprüfung der These „Gruppenarbeit fördert Stress";
   (b) Erfassung der Fehlzeiten über ein gesamtes Jahr in einem Unternehmen;
   (c) Analyse der Ursachen für die geringe Weiterbildungsteilnahme älterer Arbeitnehmer;
   (d) Untersuchung der Stresswirkungen von Großraumbüros im Vergleich zu herkömmlichen Büros.

1.3 Unterschiede zwischen betrieblicher und wissenschaftlicher Personalforschung

Wissenschaftliche und betriebliche Personalforschung unterscheiden sich vor allem in ihrem Erkenntnisinteresse und im Erkenntnisgegenstand. Das Erkenntnisinteresse der wissenschaftlichen Personalforschung besteht in der Beantwortung relativ allgemeiner, weitreichender und oft abstrakter Fragen. Der Unterschied im Erkenntnisinteresse hängt eng mit der Differenz im Erkenntnisgegenstand zusammen: Wissenschaftliche Personalforschung strebt weniger nach einer Beschreibung von Merkmalen eines einzigen Unternehmens bzw. seiner Mitarbeiter, sondern sie möchte tendenziell Aussagen über alle Unternehmen bzw. die *gesamte* Arbeitnehmerschaft oder eine wesentliche Teilgruppe der Arbeitnehmer machen. Die Untersuchung eines einzigen Unternehmens wäre grundsätzlich möglich, aber die Befunde dürften als Beschreibung schwer über das eine Unternehmen hinaus zu verallgemeinern sein. Ähnliches gilt für Ursachenanalysen oder für die Wirkungsforschung: Wissenschaftliche Hypothesentests richten sich auf abstrakte, sehr allgemeine Hypothesen und nicht auf konkrete Vermutungen über spezielle Zusammenhänge. Allerdings kann man sehr wohl am Beispiel eines einzigen Unternehmens versuchen, eine wissenschaftliche Hypothese zu widerlegen: Es lässt sich so möglicherweise zeigen, dass die behauptete Gültigkeit einer Aussage eben nicht für alle Unternehmen zutrifft und insofern zumindest einzuschränken ist. Betriebliche Personalforschung ist dagegen „egoistisch" – ihr Erkenntnisinteresse besteht eher in konkreten Aussagen, oft Gestaltungsaussagen, und ihr Erkenntnisgegenstand beschränkt sich meist auf die Probleme eines einzigen Unternehmens.

Unwichtig für die Abgrenzung zwischen wissenschaftlicher und betrieblicher Personalforschung ist dagegen, wer die Forschung durchführt: Auch Wissenschaftlerinnen oder Wissenschaftler aus dem Wissenschaftssystem, d.h. aus einer Hochschule oder einem wissenschaftlichen Forschungsinstitut, können betriebliche Personalforschung betreiben. In Unternehmen tätige betriebliche Personalforscher befassen sich allerdings überwiegend nicht mit übergreifenden (in diesem Sinne wissenschaftlichen) Fragestellungen.

Wissenschaftliche und betriebliche Personalforschung unterscheiden sich – zumindest grundsätzlich – auch nicht in ihren Methoden: Sowohl die Methoden der Datenerhebung als auch der Datenauswertung sind prinzipiell identisch. Allerdings kommen nach unserer Erfahrung in der betrieblichen Personalforschungspraxis meist einfachere, leichter verstehbare und kommunizierbare Methoden zur Anwendung. Beispielsweise werden komplexe statistische Auswertungsverfahren selten angewendet (siehe hierzu auch die Anleitungen für Mitarbeiterbefragungen, z.B. von Borg 2003).

Wissenschaftliche und betriebliche Personalforschung unterscheiden sich grundsätzlich auch nicht darin, welche Kriterien zur Beurteilung guter Forschung sinnvollerweise – d.h. auch: von den meisten Akteuren akzeptiert – herangezogen werden. Als ein wesentliches Kriterium zur Beurteilung des Prozesses und der Ergebnisse der Forschung gilt, dass das gemessen wird, was gemessen werden soll. (Wir werden dieses Kriterium, das man als Validität bezeichnet, an späterer Stelle näher behandeln.)

Insgesamt sind die Grenzen zwischen wissenschaftlicher und betrieblicher Personalforschung fließend: Nach unseren Beobachtungen befassen sich auch viele betriebswirtschaftliche Forscher, die an Hochschulen oder anderen wissenschaftlichen Institutionen tätig sind, nicht selten mit spezifischen Fragen, die nur für wenige Unternehmen einen kurzfristigen, sehr spezifischen Erkenntnisgewinn versprechen.

Neben der Unterscheidung zwischen wissenschaftlicher und betrieblicher Personalforschung ist die Abgrenzung zwischen Personalforschung und empirischer Sozialforschung zu klären. Betriebliche und wissenschaftliche Personalforschung ist ein Teilbereich angewandter empirischer Sozialforschung. Personalforschung beschränkt sich auf betriebliche Belange. Sozialforscher hingegen untersuchen so unterschiedliche Dinge wie die Lebenswelt von Rockmusikern oder Obdachlosen, die soziale Herkunft von Bundestagsabgeordneten, Bildungsverläufe von Topmanagern, das Verhalten von Langzeitarbeitslosen oder die sozialen Wirkungen neuer Arbeitszeitmodelle – um nur einige ausgewählte Beispiele zu nennen. Es sind also die Forschungsobjekte, die Personal- von Sozialforschung unterscheiden. Dies ist aber kein hinreichendes Abgrenzungsmerkmal, denn wir sehen an den Beispielen auch, dass einige Themenbereiche durchaus für Personalforscher interessant sein könnten, etwa Fragen im Zusammenhang mit Bildungsverläufen von Managern oder Effekten von Arbeitszeitmodellen. Wenn ein Forscher sich mit solchen Themen befassen würde, sprächen wir von Personalforschung, sofern der Fokus auf die Unterstützung personalwirtschaftlicher Entscheidungen gerichtet wäre. Andernfalls handelt es sich um Sozialforschung.

Verständnisfragen:

5. Welcher wesentliche Unterschied besteht zwischen wissenschaftlicher und betrieblicher Personalforschung?

6. Ein Forscher untersucht in einem Betrieb die Frage, ob Gruppenarbeit die Arbeitsleistung fördert. Würden Sie diese Forschung als wissenschaftliche oder betriebliche Personalforschung einordnen? Begründen Sie bitte Ihre Auffassung.

2 Der Forschungsprozess im Überblick

Der Forschungsprozess lässt sich in folgende Phasen unterteilen:

1. Problemformulierung (Was will ich wissen?)

2. Konzeptionalisierung:
   - Formulierung einer konkreten Forschungsfrage
   - Suche nach geeigneten Theorien bzw. sinnvollen Zusammenhangsannahmen
   - Ableitung von Hypothesen
   - Ableitung von Begriffen bzw. Konstrukten
   - Entwicklung von Skalen und Instrumenten zur Erfassung der Konstrukte
   - Auswahl der Datenerhebungsmethode
   - Bestimmung der Stichprobe (Auswahlverfahren)
   - Vorüberlegungen zum Auswertungsverfahren
   - Pretest

3. Datenerhebung (Befragung, Beobachtung, Inhaltsanalyse, Nicht-reaktive Methoden)

4. Kodierung und Dateneingabe

5. (Statistische) Auswertung (Univariate Statistik, Skalenentwicklung, Zusammenhangsanalysen)

6. Rückschluss von den Ergebnissen auf die Fragestellung

7. Entwicklung von Schlussfolgerungen (praktische Gestaltung, weitere Forschung)

Übersicht 3: Idealtypischer Ablauf eines Forschungsprozesses
(In Anlehnung an Friedrichs 1990; ähnliche Einteilungen finden sich z.B. bei Diekmann 2003 und Atteslander 2003)

Mit Forschungsprozess bezeichnet man sämtliche Phasen der Forschung von der Formulierung der Fragestellung bis hin zur Interpretation und Diskussion der Ergebnisse bzw. der Beantwortung der Fragen. Selbstverständlich handelt es sich nur ein idealtypisches Phasenschema. Es beschreibt nicht die reale Forschungspraxis, sondern soll helfen, die

Praxis zu strukturieren und zu verbessern. So läuft die Informationsgewinnung und -verarbeitung in der Forschungspraxis mitunter nicht immer so gradlinig ab, vielmehr werden Schritte wiederholt oder übersprungen. Gerade weil ein Abweichen von der idealtypischen Vorgehensweise Probleme aufwerfen kann, soll das Vergegenwärtigen eines typischen Forschungsprozesses helfen, alle wesentlichen Aspekte bei einer Untersuchung zu berücksichtigen. Beim Aufbau unseres Lehrbuches haben wir uns an den Phasen des Forschungsprozesses orientiert. Das folgende Kapitel gibt zunächst einen kurzen Überblick anhand eines Beispieles, später werden wir dann die einzelnen Thematiken ausführlicher behandeln.

Um den Forschungsprozess anhand eines praktischen Beispiels zu erläutern, kommen wir nochmals auf die Firma Allesmann zurück (siehe auch Fallbeispiel S. 11) und „spinnen" die Geschichte ein wenig weiter:

Ursachenforschung in der Firma Allesmann
Firma Allesmann hat in einigen Abteilungen bzw. Kostenstellen (die Ebene unterhalb der Abteilung) Gruppenarbeit eingeführt und für alle Arbeitnehmer das Instrument der „Krankenbesuche" institutionalisiert. Die Fehlzeiten sind seitdem deutlich zurückgegangen. Nun tritt ein neues Problem auf: Mehrere Meister berichten von hoher Unzufriedenheit, zurückgehender Arbeitsleistung und häufigeren Kündigungen. Die größten Klagen kommen von den Meistern aus den Abteilungen, die Gruppenarbeit eingeführt haben. Die Personalleiterin Frau Meyner möchte dieses Problem näher untersuchen und beauftragt ihren Assistenten Huber, die mit diesen Problemen aufgeworfenen Fragen zu beantworten. – Welche Fragen aber genau? Damit sind wir bereits bei der ersten Phase, der Problemformulierung oder -spezifizierung.

Schritt 1: Problemformulierung
Der Assistent sieht die zentrale Ursache der Probleme in der Unzufriedenheit der Mitarbeiter. Daher frischt er zunächst einmal sein Wissen auf dem Gebiet der Arbeitszufriedenheitsforschung und der Folgen von (Un)Zufriedenheit auf: Er liest in einschlägigen Zeitschriften und Büchern nach. Schließlich will Herr Huber das Rad nicht neu erfinden, sondern an den aktuellen Stand des Wissens anschließen. Er findet Folgendes heraus:

- Arbeitszufriedenheit korreliert nur schwach mit Arbeitsleistung und dem Kündigungsverhalten.

- In der Literatur finden sich zudem gänzlich unterschiedliche, sich teilweise widersprechende Aussagen über den Zusammenhang zwischen Arbeitszufriedenheit und Leistung. Man kann folgende Auffassungen über die Wirkungsbeziehungen unterscheiden: (a) Je höher die Arbeitszufriedenheit, desto höher ist die Leistung. (b) Je höher die Leistung, desto höher ist die Arbeitszufriedenheit. (c) Arbeitszufriedenheit und Leistung hängen von einer dritten Variablen ab; deshalb korrelieren sie untereinander. Der Personalassistent kommt ins Grübeln. Sollten nämlich Vermutung (b) oder (c) zutreffen, dann ließen sich die Probleme auch nicht durch die (möglicherweise) geringe Arbeitszufriedenheit erklären, und eine Steigerung der Arbeitszufriedenheit würde die Probleme nicht lösen.

- Weiterhin stellt der Personalassistent fest, dass es ganz unterschiedliche Theorien der Arbeitszufriedenheit gibt (vgl. z.B. Neuberger 1974a) und dass sich die Vorstellungen darüber, was man als Arbeitszufriedenheit bezeichnet, erheblich unterscheiden.

- Auch die Messmethoden, mit denen in den Untersuchungen die Arbeitszufriedenheit erfasst wurde, unterscheiden sich (Neuberger 1974b): Viele Forscher bevorzugen strukturierte Fragebögen mit Skalen, die den Grad der Zufriedenheit numerisch erfassen sollen; andere dagegen meinen, dass man ein komplexes Konstrukt wie Arbeitszufriedenheit nur mit persönlichen, „qualitativen" Tiefeninterviews, wie sie etwa in der Psychoanalyse üblich sind, erfassen kann und halten eine Quantifizierung für verfehlt.

Personalassistent Huber muss offenbar eine Reihe von folgenreichen Entscheidungen treffen, aber zunächst steht er vor dem Problem, dass seine Forschungsfrage noch zu vage ist.

Schritt 2: Konzeptionalisierung der Untersuchung

Herr Huber muss die Forschungsfragen konkreter formulieren. Hierzu nutzt er sein Wissen über Theorien und entwickelt entsprechende Hypothesen. Der Entwicklungsprozess hat evolutionären Charakter: Huber hat schon von Anfang an Forschungsfragen, welche zu Beginn jedoch noch sehr vage formuliert sind, sich aber in dem Moment verändern und konkretisieren, in dem er Theorien auswählt und den weiteren Überlegungen zugrunde legt. Die Ableitung erster Hypothesen führt dazu, die Forschungsfrage mehrfach zu verändern – sie auszuweiten oder einzuengen, sie konkreter oder allgemeiner zu fassen. Aufgrund seiner gründlichen Literaturanalyse geht Herr Huber schließlich von folgenden Annahmen oder Hypothesen aus, die sein weiteres Vorgehen leiten:

- Es wird das Arbeitszufriedenheitskonzept von Hackman/Oldham (1980) verwendet und angenommen, dass die Arbeitszufriedenheit ein Einflussfaktor für Leistung und Kündigungen ist.

- Die Gruppenarbeit und die Krankenbesuche beeinflussen die Arbeitszufriedenheit.

Auf dieser Basis formuliert Herr Huber seine *Forschungsfragen*:

- Das Ausmaß der Arbeitszufriedenheit soll (auch im Vergleich zu anderen Abteilungen) untersucht werden. Weiterhin ist zu erfassen, wie die Krankenbesuche und die Gruppenarbeit von den Arbeitnehmern bewertet werden. Leistung, Fehlzeiten und Kündigungen sind ebenfalls zu messen.

- Anschließend ist erstens der Einfluss der Krankenbesuche und der Gruppenarbeit auf die Arbeitszufriedenheit und zweitens der Einfluss der Arbeitszufriedenheit auf Leistung, Fehlzeiten und Kündigungen zu analysieren.

- Die Arbeitszufriedenheit soll erhöht werden – vorausgesetzt, sie ist tatsächlich niedrig und hängt, wie vermutet, mit der Leistung und den häufigeren Kündigungen zusammen (wobei man sich darüber streiten kann, ob diese Gestaltungsfrage nicht schon über die Forschungsfragen hinausgeht).

Der Personalassistent plant also eine Untersuchung, die im Kern dem Fragentyp Ursachenforschung entspricht. Natürlich sind im Rahmen dieser Ursachenforschung auch Beschreibungen notwendig.

Betrachten wir nun die nächsten Schritte. Herr Huber muss zunächst die notwendigen Begriffe und Konstrukte ableiten, d.h. genau festlegen, was z.B. unter Arbeitszufriedenheit zu verstehen ist (Konzeptspezifikation). Zudem stellt sich die Frage, wie man das Konstrukt Arbeitszufriedenheit misst. Ist es sinnvoll, Arbeitszufriedenheit mit einer einzigen Frage zu erfassen: „Wie zufrieden sind Sie mit Ihrer Arbeit?", wobei man z.B. eine Skala von 0 bis 10 verwenden könnte, die von „ganz und gar unzufrieden" bis „ganz und gar zufrieden" reicht? Oder sollten unterschiedliche Zufriedenheitsbereiche über mehrere Fragen erfasst werden, etwa die Zufriedenheit mit den Arbeitsinhalten, den Arbeitsbedingungen, den Kollegen, dem Vorgesetzten, der Entlohnung usw.? (Diesen Weg wählen Hackman/Oldham.) Es sind also Skalen und Instrumente zur Erfassung der Konstrukte zu entwerfen. Diesen Schritt bezeichnet man als Operationalisierung, vereinfacht: Messbarmachung (siehe hierzu Kapitel: 4.1 „Operationalisierung als Verbindung zwischen theoretischen Konstrukten und der Empirie"). Herr Huber hat es hier relativ einfach: Da er sich für eine Theorie entschieden hat, die auch empirisch getestet wurde, kann er auf eine häufig verwendete und vermutlich brauchbare Zufriedenheitsskala zurückgreifen, die mehrere Dimensionen der Arbeitszufriedenheit mit einer ganzen Reihe von Fragen erfasst. Zudem kann er sich bei der Spezifikation des Begriffes „Arbeitszufriedenheit" an der Definition dieser Theorie orientieren. Natürlich muss der Personalassistent auch entsprechende Operationalisierungen für die Erfassung der Einschätzung der Krankenbesuche und der Gruppenarbeit vornehmen, darüber hinaus sind Leistung, Fehlzeiten und Kündigungen bzw. Kündigungsneigung zu messen. Was will man z. B. unter Leistung verstehen (nur quantitative oder auch qualitative Leistung); welche Sachverhalte sollen als Fehlzeit interpretiert werden (gilt beispielsweise auch ein verspäteter Arbeitsantritt als Fehlzeit oder nur eine ganztägige Abwesenheit vom Arbeitsplatz?).

Als Nächstes ist die Datenerhebungsmethode festzulegen. In Übereinstimmung mit der Vorgehensweise von Hackman/Oldham wählt der Assistent der Personalleiterin zur Erfassung der Arbeitszufriedenheit, der Einschätzung der Gruppenarbeit und der Krankenbesuche sowie der Kündigungsneigung eine schriftliche, strukturierte Befragung. Bei diesem Erhebungskonzept werden Aussagen vorgegeben, über deren Richtigkeit die Befragten auf einer Skala von „stimmt voll und ganz zu" bis „stimmt ganz und gar nicht zu" entscheiden müssen (Mit diesem in der Praxis sehr häufig angewandten Prinzip der Fragestellung beschäftigt sich das Kapitel 4.4 „Ratingskalen und Likert-Skalierung"). Informationen über Leistung, Fehlzeiten und Kündigungen plant Herr Huber den Personalakten bzw. entsprechenden Dokumenten in den Abteilungen zu entnehmen. Damit sieht sich Herrn Huber Problemen gegenübergestellt, die bei Sekundäranalysen (d.h. bei der Analyse von Daten, die nicht für den aktuellen Forschungszweck erhoben wurden; wir werden den Begriff der Sekundäranalyse später näher erläutern) häufig auftreten: zwar muss er selbst keine Daten erheben, aber die vorhandenen Informationen passen möglicherweise nicht vollständig zu seinen Operationalisierungen. So mag es sein, dass zwar Daten über die quantitative Arbeitsleistung vorliegen, nicht aber über die qualitative Leistung (z.B. die Ausschlussquote jedes Arbeitnehmers).

Ein weiterer sehr wichtiger Schritt besteht in der Klärung der Stichprobe: Ist es nötig, alle Arbeitnehmer in sämtlichen Abteilungen zu untersuchen? Oder reicht es möglicherweise aus, sich auf eine „repräsentative Stichprobe" zu beschränken? (Was hierunter zu verstehen ist bzw. wann Repräsentativität notwendig ist, behandeln wir in Kapitel 6.3 „Repräsentativität und Stichprobenumfang".) Herr Huber weiß, man könnte zum einen eine Art Zufallsauswahl ziehen. Schließlich werden auch bei Wahlprognosen nicht alle Wähler befragt, dennoch sind die Prognosen recht genau. Zum anderen wäre es aber auch möglich, die Befragten gezielt auszuwählen, z.B. nach ihrer Zugehörigkeit zu der Gruppe der An- und Ungelernten oder der Gelernten, der Vorarbeiter, Meister, Frauen/ Männer usw. Wir sehen, auch hier sind wieder folgenreiche Entscheidungen erforderlich. Herr Huber entscheidet sich, alle Arbeitnehmer in denjenigen Kostenstellen zu befragen, in denen Probleme vermutet werden (dies sind die Kostenstellen A, B und C), außerdem als Vergleichsgruppe alle Arbeitnehmer in den recht ähnlichen Kostenstellen D und E. (Mit den verschiedenen Auswahlverfahren beschäftigen wir uns im Kapitel 6.2 „Stichprobengenerierung".)

Des Weiteren überlegt sich Huber schon bei der Entwicklung seiner Untersuchung geeignete Auswertungsverfahren. Huber plant eine quantitative Analyse, daher ist es notwendig, entsprechende numerische Skalen zu entwickeln. Da er Korrelations- und Regressionsrechnungen vornehmen will, muss er schon bei der Entwicklung der Skalen daran denken, dass viele Analyseverfahren bestimmte Anforderungen an die Daten stellen. Vielfach fordert man sog. metrische Skalen, bei denen die

Abstände zwischen den Skalenwerten gleich groß sind. Man muss also annehmen, dass auf einer Zufriedenheitsskala, die von 0 bis 10 reicht, der Abstand zwischen 0 und 1 genauso groß ist wie zwischen 9 und 10.

Um zu prüfen, ob die Fragen auch für die Befragten verständlich sind und ob der Fragebogen in einer noch zu bestimmenden Zeit ausgefüllt werden kann, überlegt sich Herr Huber, in einer Abteilung einen Pretest durchzuführen. Da die verwendeten Fragen aber bereits in den empirischen Untersuchungen von Hackman/Oldham (1980) und anderen (siehe Schmidt/Kleinbeck 1999) getestet wurden, könnte man hier möglicherweise auf einen Pretest verzichten. Fraglich ist allerdings die Güte der neu entwickelten Skalen zur Einschätzung der Maßnahmen und der Kündigungsneigung. Herr Huber bedenkt zudem, dass ein Pretest unter Umständen das Ergebnis der eigentlichen Untersuchung beeinflusst, da in einem Betrieb rasch Gerüchte über die hinter der Befragung stehenden Absichten entstehen könnten. Er entschließt sich, auf einen Pretest zu verzichten, allerdings im Nachhinein eine Skalenanalyse durchzuführen.

Schritt 3: Datenerhebung

Nun folgt der Schritt der Datenerhebung. Der Personalassistent führt die Befragung durch. Die Daten über Leistung und Fehlzeiten erfasst er über eine Inhaltsanalyse (gelegentlich auch Dokumentenanalyse genannt), d.h. er entnimmt die entsprechenden Werte für jeden einzelnen Arbeitnehmer den Personalakten und den Aufzeichnungen in den Abteilungen. Zusätzlich erhebt Huber die Anzahl der Kündigungen je Abteilung.

Schritt 4: Kodierung und Dateneingabe

Herr Huber muss nun die „Kreuze" aus den Fragebögen so aufbereiten, dass er sie in maschinenlesbare Form bringen kann – schließlich will er die Daten statistisch auf seinem PC auswerten. Dafür ordnet er den Skalenausprägungen „stimme völlig zu" eine 1 zu, der Ausprägung „stimme teilweise zu" eine 2 usw. Dies nennt man *Kodierung*. Anschließend erfasst er die Werte je Mitarbeiter in seinem PC. Jedem Mitarbeiter ordnet er den Kündigungsanteil der jeweiligen Abteilung zu, ebenso eine Abteilungsnummer. Dies ist erforderlich, weil Herr Huber die Daten zum einen auf der Ebene der einzelnen Mitarbeiter auswerten möchte (Zusammenhang zwischen Zufriedenheit und Leistung), zum anderen aber auch Auswertungen auf Abteilungsebene plant (wie hoch sind die Kündigungsquoten und das durchschnittliche Zufriedenheitsniveau der jeweiligen Abteilungen?).

Schritt 5: Datenauswertung
(Bildung von Indizes, Skalenkonstruktion, Skalenanalyse, univariate Berechnung statistischer Kennzahlen, bivariate bzw. multivariate Zusammenhangsanalyse)

Der Assistent der Personalleitung steht vor einem weiteren Problem: Er möchte einen *Gesamt-Arbeitszufriedenheitswert* sowie zusammenfassende Werte für die einzelnen *Zufriedenheitsbereiche* (z.B. für die Zufriedenheit mit den Arbeitsinhalten, den Arbeitsbedingungen, den Kollegen und Vorgesetzten) berechnen. Er addiert dazu bei jedem befragten Arbeitnehmer die einzelnen Werte der unterschiedlichen Fragen auf und dividiert das Ergebnis durch die Anzahl der beantworteten Fragen. Jedem Arbeitnehmer wird damit ein durchschnittlicher Gesamt-Arbeitszufriedenheitswert und mehrere durchschnittliche Werte für die differenziertere Zufriedenheitsbereiche zugewiesen. Herr Huber bildet somit Indizes bzw. *Skalen* der Arbeitszufriedenheit. Genauso verfährt er mit den Fragen zur Einschätzung der Gruppenarbeit und der Krankenbesuche sowie zur Kündigungsneigung. Kann man aber die einzelnen Werte der Zufriedenheitsfragen zu den völlig unterschiedlichen Bereichen (Kollegen, Lohn, usw.) ohne weiteres miteinander verrechnen? Sind alle Fragen gleichermaßen geeignet, das jeweilige Konstrukt zu erfassen? Werden mit den Items vielleicht nicht völlig unterschiedliche Dimensionen und Aspekte gemessen? Um diese Fragen zu klären, gibt es statistische Verfahren zur Skalenanalyse (insbesondere die Bestimmung der Itemschwierigkeit und der Trennschärfe, die Berechnung des Cronbachrs Alpha-Koeffizienten sowie die Faktorenanalyse), die Herr Huber mit seinem Computerprogramm ebenfalls durchführt. Diese Vorgehensweise bezeichnet man als Methode der summierten Einschätzungen, auf die wir detaillierter in Kapitel 4.4 „Ratingskalen und Likert-Skalierung" eingehen. Außerdem haben bereits Hackman/Oldham in ihren Studien entsprechende Untersuchungen vorgenommen, sodass Herr Huber eine recht gute Entscheidungsbasis hat.

Als Nächstes folgt eine Beschreibung der Variablenwerte, die für Herrn Huber und seine Vorgesetzten wichtig sind: Er berechnet daher univariate Statistiken wie das arithmetische Mittel der Arbeitszufriedenheit, der Kündigungsneigung und der Einschätzungen der Maßnahmen, die durchschnittliche Kündigungsquote sowie die Streuung dieser Variablen (z.B. minimaler und maximaler Wert, Standardabweichung).

Schließlich nimmt Herr Huber eine Reihe von Zusammenhangsanalysen vor: Er berechnet u.a. die Korrelationen zwischen den einzelnen Zufriedenheitsbereichen und der Arbeitsleistung. Die Korrelationen liegen in einer Größenordnung von $r = +0,07$ bis $+0,40$; Koeffizienten, die größer sind als $r = +0,35$, sind signifikant. Glücklicherweise hat Herr Huber eine gute Statistikausbildung, denn er kann diese Koeffizienten und die Angaben zur Signifikanz auch interpretieren. (Auf die Thematik des Signifikanztests gehen wir in Kapitel 9.2.3 ein.)

Schritt 6: Rückschluss von den Ergebnissen auf die Fragestellung

Nehmen wir an, es zeigt sich folgendes Ergebnis: Die „Zufriedenheit mit den Kollegen" korreliert vergleichsweise hoch positiv mit der Arbeitsleistung ($r = +0,40$) und hoch negativ mit der Kündigungsneigung ($r = -0,40$). Alle anderen Korrelationen der Zufriedenheitsdimensionen mit Leistung, Fehlzeiten und Kündigungsneigung liegen wesentlich niedriger. Herr Huber folgert hieraus, dass die Unzufriedenheit mit den Kollegen für die in einigen Abteilungen geringe Leistung und hohe Kündigungsneigung (bzw. das tatsächliche Kündigungsverhalten) verantwortlich ist. Bei einer weiteren Analyse stellt er fest, dass gerade in den Abteilungen mit Gruppenarbeit die Unzufriedenheit mit den Kollegen besonders stark ausgeprägt ist. Irritiert ist Herr Huber durch den Befund, dass in den Abteilungen mit Gruppenarbeit die Kündigungsneigung zwar höher ist als in allen anderen Abteilungen, die Arbeitnehmer aber tatsächlich weniger kündigen als in Abteilungen ohne Gruppenarbeit. Außerdem stellt er fest, dass das Instrument der Krankenbesuche von den meisten Arbeitnehmern negativ bewertet wird und dass die Arbeitszufriedenheit um so geringer ist, je schlechter die Krankenbesuche eingeschätzt werden.

Schritt 7: Entwicklung von Schlussfolgerungen
(praktische Gestaltung, weitere Forschung)

Was sind nun die Schlussfolgerungen? Soll der Personalassistent Herr Huber seiner Vorgesetzten, Frau Meyner, vorschlagen, die Gruppenarbeit bzw. die Krankenbesuche wieder abzuschaffen? Oder ist weitere Forschung notwendig? Sollte Herr Huber gar die bei der Auswertung aufgetretenen neuen Fragen einfach beiseite schieben und nur die Ergebnisse präsentieren, die „ins Bild passen"? Hierbei ist zu bedenken, dass ein und dieselben Forschungsergebnisse unterschiedliche praktische Schlussfolgerungen zulassen: Aus Befunden allein folgt nichts, es kommt vielmehr auf die Ziele an, die man jeweils anstrebt. Auf jeden Fall wäre es ein Fehler, wenn Herr Huber den Mitarbeitern die Ergebnisse vorenthalten würde – die Bereitschaft zu weiteren Befragungen würde rapide abnehmen, das Misstrauen gegenüber dem Management zunehmen.

Verständnisfrage:
7. Nennen Sie die einzelnen Schritte des Forschungsprozesses.

---

3 Qualitätskriterien zur Beurteilung von Personal-forschungsmethoden und -ergebnissen

In dem obigen Beispiel wurde deutlich, dass man stets entscheiden muss, welche Forschungsmethoden für welche Fragestellungen geeignet sind, welche Untersuchungsergebnisse man aus der wissenschaftlichen Literatur akzeptieren soll usw. Wir benötigen daher Kriterien, um die Eignung von Methoden und die Qualität von Befunden beurteilen zu können. Man kann zwei miteinander zusammenhängende Kriteriengruppen unterscheiden: Zum einen gibt es Kriterien, mit deren Hilfe man einschätzen kann, ob ein Sachverhalt angemessen erfasst wird – ob z.B. die Kündigungsneigung richtig gemessen wird. Zum anderen werden Kriterien vorgeschlagen, um zu beurteilen, welche Datenerhebungsmethoden für bestimmte Fragestellungen adäquat sind.

3.1 Messtheoretische Gütekriterien

Die Gütekriterien Validität, Reliabilität und Objektivität dienen der Beurteilung der Messung bestimmter Sachverhalte oder Merkmale. In vielen Büchern zur empirischen Forschung werden Ihnen Darstellungen dieser Gütekriterien begegnen. Meistens werden dort auch statistische Konzepte dargestellt, mit deren Hilfe sich z.B. das Ausmaß der Reliabilität einer Skala quantifizieren lässt. Uns geht es hier weniger um die sehr sinnvollen statistischen Interpretationen der Gütekriterien, sondern um die dahinter stehenden inhaltlichen Überlegungen.

(1) Validität meint den Grad der *Gültigkeit*, mit dem ein Merkmal gemessen wird (Lienert/Raatz 1998: 10ff.): Wird gemessen, was gemessen werden soll? Die Validität ist das wichtigste Kriterium, das zudem auch für die Methodenbeurteilung eingesetzt werden kann, denn im Zentrum steht die zutreffende Erfassung (im weitesten Sinne: Messung) eines Realitätsaspektes. Kaum jemand wird bezweifeln, dass wir mit einer Uhr die Arbeitszeit valide feststellen können (vgl. zu einem ähnlichen Beispiel Bortz/Lienert/Boehnke 2000: 60f.), die Arbeitsleistung messen wir mit dieser Messung dagegen allenfalls ansatzweise. Bei der Auswahl von Bewerbern und Bewerberinnen um Ausbildungsplätze könnten wir z.B. versuchen, die sprachliche Ausdrucksfähigkeit durch die Deutsch-

note zu erfassen – aber messen wir über die Note wirklich diese Fähigkeit?

Man kann zwischen unterschiedlichen *Arten* der Validität unterscheiden. Darüber hinaus gibt es sicher mehr oder weniger valide Messungen, wir müssen also etwas darüber wissen, wie man unterschiedliche *Grade* der Validität ausdrücken kann.

Die wichtigste Validitätsart ist die *kriterienbezogene Validität*. Wir beschränken unsere Erläuterungen auf diese Validitätsform. Die kriterienbezogene Validität ist umso höher, je höher die Übereinstimmung zwischen einem Messwert und einem sinnvollen Außenkriterium ist. Diese Übereinstimmung drückt man in Form eines Korrelationskoeffizienten aus. Eine wesentliche Unterform der kriterienbezogenen Validität ist die *Prognosevalidität*: Wenn wir feststellen, dass diejenigen, die in einem Assessment-Center (AC) gut abschneiden, später auch gute Arbeitsleistungen erzielen, und diejenigen, die im AC schlecht abschneiden, später auch schlechte Leistungen zeigen, dann ist die Übereinstimmung bzw. die Korrelation zwischen AC-Testwerten und den späteren Leistungswerten hoch. Prognosevalidität heißt also, dass man mit dem einen Wert einen anderen prognostizieren kann – hier in dem Beispiel mit Hilfe der AC-Testwerte die spätere Arbeitsleistung. (Im übrigen liegt die Prognosevalidität des AC-Verfahrens im Durchschnitt von 50 Untersuchungen bei $r = +0,37$ (Thornton u.a. 1986, wiedergegeben nach Schuler 2000: 128).)

(2) *Reliabilität* meint den Grad der *Zuverlässigkeit* oder *Genauigkeit* (Lienert/Raatz 1998: 9f.), mit der ein Merkmal gemessen wird. Der wichtigste Aspekt der Reliabilität besteht darin, die Messung so präzise zu gestalten, dass davon ausgegangen werden kann, dass sich bei einer Wiederholung der Messung die gleichen Ergebnisse zeigen würden (Schmitt/Klimoski 1991: 89). Angenommen, wir wollen den Führungsstil von Vorgesetzten messen, und wir gehen davon aus, dass der Führungsstil ein überdauerndes Merkmal der Persönlichkeit ist. Wir können die Reliabilität der Messung feststellen, indem wir die Führungskräfte zweimal – etwa im Abstand von einem halben Jahr – mit demselben Instrument untersuchen (z.B. ihre Mitarbeiter befragen). Beide Messungen müssten dieselben Messwerte ergeben. Andernfalls ist unser Messin-

strument nicht genau, also nicht reliabel. Dieses Verfahren zur Reliabilitätsbestimmung nennt man *Retest-Verfahren.* Allerdings: Wir setzen voraus, dass sich der Führungsstil nicht verändert. Nun könnte man argumentieren, dass eine solche Auffassung von Reliabilität nicht sinnvoll ist, wenn wir Merkmale erfassen wollen, die sich möglicherweise im Laufe der Zeit verändern. Man könnte auch entgegenhalten, dass sich in der betrieblichen Praxis Messungen nur schwer wiederholen lassen und deswegen die Retest-Reliabilität nicht erhoben werden kann. Deshalb gibt es weitere Verfahren, die Reliabilität zu bestimmen. Neben dem Retest-Verfahren hat man das **Paralleltest- und das Testhalbierungsverfahren** entwickelt. Um die *Paralleltest-Reliabilität* zu bestimmen, setzt man – wir bleiben beim Beispiel des Führungsstils – einen zweiten Fragebogen zur Erfassung des Führungsstils ein, der dieselben Führungsstile erfasst, aber andere Operationalisierungen vornimmt, also andere Fragen stellt. Wenn beide Fragebögen zu sehr ähnlichen Ergebnissen kommen, dann können wir davon ausgehen, dass die Messung des Führungsstils sehr genau, also hoch reliabel ist. Beim *Testhalbierungsverfahren* werden nicht zwei Fragebögen eingesetzt, sondern die Fragen eines Bogens werden in zwei Hälften aufgeteilt. Nehmen wir an, wir hätten einen Fragebogen, der dazu dient, das Ausmaß der partizipativen Führung zu erfassen. (Meist wird bei solchen Untersuchungen der Führungsstil nicht auf einer eindimensionalen, sondern auf einer mehrdimensionalen Skala untersucht, aber wir wollen die Sache nicht unnötig komplizieren.) Man vergleicht dann die Messergebnisse der ersten Hälfte der Fragen mit denen der zweiten Hälfte. Wenn alle Fragen dasselbe – also das Ausmaß des partizipativen Führungsstils – messen würden, müssten wir zu dem Ergebnis kommen, dass die Punktwerte der beiden Hälften hoch korrelieren.

Neben diesen drei (statistischen) Verfahren, die Reliabilität zu prüfen, können wir auch noch weitere inhaltliche Überlegungen zur Genauigkeit bzw. Reliabilität anstellen, die sich nicht ohne weiteres statistisch konzeptionalisieren lassen. Wir können z.B. die Skala betrachten, mit der ein Merkmal (wie der Führungsstil) gemessen werden soll. Nehmen wir an, wir hätten eine Skala, die nur Ja/Nein-Antworten zulässt, und eine zweite Skala, die Antworten auf einer Skala von 1 = „trifft gar nicht zu" bis 4 = „trifft völlig zu" ermöglicht. Die zweite Skala misst vermutlich genauer als die erste. Skalen messen in der Regel auch genauer, wenn sie erstens auf mehreren Fragen, die zweitens konkrete Verhaltensweisen abfragen, beruhen und nicht nur auf einer einzigen Frage. Wenn wir lediglich fragen würden „Führt Ihr Vorgesetzter partizipativ?", würde möglicherweise jeder etwas anderes unter „partizipativ" verstehen, dies würde die Reliabilität reduzieren. Bei mehreren Fragen kann man darüber hinaus eher davon ausgehen, dass mögliche Ungenauigkeiten einzelner Fragen sozusagen im Durchschnitt weniger ausmachen.

(3) *Objektivität* ist gegeben, wenn verschiedene Forscher bei denselben Forschungsobjekten zu gleichen Ergebnissen kommen (Lienert/Raatz 1998: 7). Wir würden z.B. analysieren, ob alle Beobachter in einem Assessment-Center in ihren Beurteilungen hinsichtlich eines bestimmten Kriteriums übereinstimmen. Bei hoher Übereinstimmung können wir eine hohe Objektivität der Messung annehmen.

Wenn die Objektivität oder die Reliabilität verletzt sind, kann das Ergebnis nicht valide sein; die Erfüllung dieser beiden Kriterien stellt jedoch noch nicht die Validität sicher. Objektivität und Reliabilität sind also notwendige, jedoch nicht hinreichende Bedingungen für die Validität (Lienert/Raatz 1998: 13f.). Auch wenn ein Sachverhalt objektiv und genau gemessen wird – beispielsweise die Fähigkeit des Kopfrechnens eines Bewerbers – so ist damit noch nicht gewährleistet, dass wir das, was wir eigentlich messen wollten – vielleicht das analytische Denkvermögen – auch wirklich erfassen.

3.2 Kriterien zur Beurteilung von Datenerhebungsmethoden

Streng genommen sind Datenerhebungsmethoden nicht an sich reliabel oder valide. Sie sind vielmehr – vor dem Hintergrund des spezifischen Ziels der Untersuchung – daraufhin zu analysieren, inwieweit sie Probleme bei den zu gewinnenden Daten auslösen. Daher bewertet man nicht die Validität des Instruments oder der Methode an sich, sondern den Beitrag des Verfahrens (relativ zu anderen) zur Validität von Daten für einen spezifischen Datenerhebungszweck (Carmines/Zeller 1979: 17). So mag eine Methode (etwa die schriftliche, strukturierte Befragung) geeignet sein, die Einstellung zu einem relativ einfachen Sachverhalt zu erfassen, z.B. die Zufriedenheit mit dem Vorgesetzten mittels einer einfachen Ratingskala. Eine solche Erhebungsmethode dürfte aber nur sehr beschränkt dazu verwendet werden können, die genauen Ursachen einer möglichen Unzufriedenheit bereits so zu erfassen, dass man mit Veränderungsmaßnahmen, z.B. Führungstrainings, ansetzen kann. Für diesen Zweck sind qualitative Verfahren besser geeignet. Das bedeutet, dass man mit einer bestimmten Methode für den einen Untersuchungszweck valide Daten erheben kann, während sie für einen anderen Zweck zu invaliden Daten führt. Deshalb muss man diejenigen den Methoden innewohnenden Charakteristika identifizieren, die die Ursache für "Störungen" bilden, d.h. für Folgen, die man als Validitäts-, Reliabilitäts- oder Objektivitätsprobleme benennt. Solche Ursachen liegen z.B. im Forscher selbst begründet (Objektivität) bzw. in der Beziehung zu seinem Forschungsobjekt und zu seinen Datenquellen, die zu einer Selektion ganz bestimmter Untersuchungsfälle führen und Validitätsprobleme bewirken. Es gilt diejenige Methode zu wählen, die – vor dem Hintergrund eines bestimmten Ziels und den zur Verfügung stehenden Forschungsressourcen – am wenigsten "Störungen" (Validitäts-, Objektivitäts- und Reliabilitätsprobleme) hervorruft. Die nachfolgenden Kriterien dienen also der Klärung der Frage, auf welche Weise ein konkreter Informationsbedarf sinnvoll gedeckt werden kann.

Eine Methode, die möglichst wenige Probleme bereiten soll, muss folgenden Kriterien genügen:

(1) *Zieladäquatheit.* Die Methode muss dem Forschungsziel entsprechen. Wenn man in erster Linie an einer stärker detaillierten Analyse interessiert ist, dann wird man eher wenige Fälle tiefer gehend analysieren. Wenn man dagegen Zusammenhänge zwischen einzelnen Variablen untersuchen und (unter Zuhilfenahme statistischer Verfahren) Hypothesen prüfen möchte, dann wird eher eine großzahlige Untersuchung, die sehr viel weniger an den Details und Besonderheiten des Einzelfalls orientiert ist, angezeigt sein. Für diese beiden Ziele – tief gehende Einzelfallanalyse oder statistischer Test von Hypothesen – sind nicht alle Methoden in gleicher Weise geeignet.

(2) *Variablenadäquatheit.* Die Methode muss den zu erfassenden Variablen angemessen sein. So ist es beispielsweise schwierig und aufwen-

dig, Ziele, Motive oder Einstellungen von Beschäftigten aus der Beobachtung ihrer Handlungen zu erschließen.

(3) *Feldzugangsadäquatheit.* Die Methode muss sicherstellen, dass dem Forscher der Zugang zum Forschungsfeld möglich ist. So weiß man, dass Führungskräfte standardisierten Verfahren, etwa strukturierten Befragungen, tendenziell ablehnend gegenüberstehen bzw. dass sich ihre Skepsis oftmals in Nichtbeantwortung äußert. Wer also in einem Unternehmen – sei es aus der Perspektive betrieblicher oder wissenschaftlicher Fragestellungen – Führungskräfte untersucht, wird überlegen müssen, ob er nicht auf die Methode halb strukturierter mündlicher Interviews zurückgreift (wir werden diese und andere Methoden in späteren Abschnitten ausführlicher vorstellen). Ein anderes Beispiel: Auch wenn die „Methode" von Wallraff (2000), eines Journalisten, der sich unter Vorspiegelung einer falschen Identität als Arbeiter in Unternehmen anstellen ließ, ethisch evtl. bedenklich ist – war sie doch sehr effektiv, um z.B. bestimmte Beschäftigungspraktiken in Unternehmen aufzudecken, die mit anderen Methoden kaum zu erfassen gewesen wären.

(4) *Individualadäquatheit.* Die Methoden müssen sicherstellen, dass Störungen aus individuellen Informationsverarbeitungsprozessen des Forschers und der von ihm Befragten möglichst vermieden werden oder kontrollierbar sind. So ist methodisch zu vermeiden bzw. zu kontrollieren, dass der Forscher nur "sieht", was er erwartet oder dass Befragte Ereignisse oder bestimmte Aspekte ihrer Arbeitssituation nur selektiv erinnern. Beispielsweise ist es sinnvoll, die objektiven Merkmale eines Arbeitsplatzes nicht nur über Befragungen zu messen, sondern diese Befragungen durch Beobachtungen zu ersetzen oder zu ergänzen. Will man dagegen etwas über die subjektive Verarbeitung der objektiven Merkmale des Arbeitsplatzes wissen, sind Befragungen unverzichtbar.

(5) *Sozialadäquatheit.* Die Methoden müssen gewährleisten, dass Störungen, die aus den sozialen Beziehungen zwischen Forscher, „Zugangskontrolleuren" und Befragten resultieren, möglichst vermieden oder kontrolliert werden können. Man muss etwa verhindern oder kontrollieren, dass positive soziale Beziehungen zwischen Forscher und Befragten zu einer Bevorzugung von ausgewählten Befragten als Daten-

quelle führen. Gelegentlich geben Wissenschaftler „Erfahrungsberichte" aus zweiter Hand ab – was sie von befreundeten Führungskräften erfahren haben, geben sie als zutreffende Beschreibungen der personalwirtschaftlichen „Realität" aus. Solche Berichte sind mit Vorsicht zu genießen. Anders ausgedrückt: Unstrukturierte, informale Interviews mit nur wenigen, persönlich bekannten Experten können Validitätsprobleme hervorrufen, deren Ursachen in den sozialen Beziehungen zwischen Befrager und Befragten liegen.

(6) *Forschungsökonomische Adäquatheit.* Eine Methode muss ein angemessenes Kosten-Nutzen-Verhältnis aufweisen. Da die Forschungsökonomie immer relativ zum Forschungsziel gesehen werden muss, kann dieses Kriterium nicht sinnvoll isoliert angewendet werden, sondern immer in Verbindung mit den anderen Kriterien.

(7) *Ethische bzw. rechtliche Adäquatheit.* Methoden sind ethisch bedenklich, wenn ihre Anwendung mit bestimmten, legitimen Wertmaßstäben nicht vereinbar ist. So kann eine Methode, die mit Täuschung arbeitet, zwar gerade deswegen sehr leistungsfähig sein, in ethischer bzw. rechtlicher Hinsicht wird man dies jedoch nur unter bestimmten Bedingungen akzeptieren wollen (vgl. zur Ethik der Forschung ausführlicher Martin 1994: Kapitel 13).

Verständnisfragen:

8. Definieren und unterscheiden Sie die Begriffe Validität, Reliabilität und Objektivität.

9. Erläutern Sie die Zusammenhänge zwischen den drei Kriterien.

10. Welche Bedingungen müssen erfüllt sein, damit man die Methode des Assessment-Centers als valide bezeichnen kann?

11. Was versteht man unter Sozialadäquatheit?

---

4 Feststellen von Zuständen (Beschreiben, Messen, Daten verdichten)

Grundlegend für die betriebliche oder auch wissenschaftliche Personalforschung ist das Feststellen, das Messen bestimmter Zustände. Man will etwa das Ausmaß der Arbeitszufriedenheit, der Kündigungsneigung oder der Arbeitsleistung erfassen. Dabei tritt ein Problem auf: Gerade die interessanten Größen sind oftmals besonders schwer zu messen, sie haben meist den Charakter abstrakter, nicht direkt feststellbarer Konstrukte. Die folgende Übersicht nennt eine Reihe von in der personalwirtschaftlichen Diskussion häufig verwendeten abstrakten Konstrukten.

Beispiele für abstrakte Konstrukte	
• Arbeitsleistung	• Motivation
• Arbeitszufriedenheit	• Organisationskultur
• Autorität	• Personalstrategie
• Führungsstil	• Qualifikation
• Handlungsspielraum	• Reifegrad des Mitarbeiters
• Identifikation	• Rollenkonflikt
• Innere Kündigung	• Soziale Kompetenz
• Innovation	• Transaktionskosten
• Kooperation	• Wachstumsbedürfnis
• Macht	• Zufriedenheit
• Monotonie	

Übersicht 4: Beispiele für abstrakte, personalwirtschaftlich relevante Konstrukte

4.1 Operationalisierung als Verbindung zwischen theoretischen Konstrukten und der Empirie

Um solche abstrakte Konstrukte zu messen, müssen sie jeweils *operationalisiert* werden. „Die ‚Operationalisierung' eines theoretischen Begriffes besteht aus der Angabe einer Anweisung, wie Objekten mit Eigenschaften (Merkmalen), die der theoretische Begriff bezeichnet, beobachtbare Sachverhalte zugeordnet werden können" (Schnell/Hill/Esser

1999: 123f.). Wir müssen hierzu eine nachvollziehbare, als Messhypothese zu verstehende Regel finden, wie wir unbeobachtbare Sachverhalte indirekt durch andere, beobachtbare Sachverhalte erfassen können. Ziel der Operationalisierung ist es also, sinnvolle Indikatoren für ein theoretisches Konstrukt zu bestimmen. Derartige Indikatoren können z.B. beobachtbare Verhaltensaspekte sein, die auf eine charakteristische Eigenschaft hindeuten oder die Antworten von Befragten auf Fragen in einem Interview oder Fragebogen (siehe Übersicht 5).

Zunächst müssen wir aber die Bedeutung des theoretischen Konstruktes spezifizieren, z.B. indem wir die Definition der Arbeitszufriedenheit aus der Theorie von Hackman/Oldham (1980) verwenden. Generell können wir in Anlehnung an die Definition von Hackman/Oldham (1975: 162) sagen, dass Arbeitszufriedenheit eine affektive Reaktion auf die Arbeitstätigkeit darstellt. Anschließend ist zu klären, welche unterschiedlichen Dimensionen des Konstruktes Arbeitszufriedenheit zu unterscheiden sind (wir haben uns an der Operationalisierung von Hackman/Oldham orientiert).

Dann ist schließlich festzulegen, welche *Indikatoren* heranzuziehen sind. In dem Beispiel werden Fragen eines Fragebogens verwendet (Hackman/Oldham 1975; 1980, übersetzt von Schmidt/Kleinbeck 1979). Die drei Dimensionen des Konstruktes Arbeitszufriedenheit werden wie folgt durch Fragen zu erfassen versucht: (1) Zufriedenheit mit Lohn/Gehalt und den Sozialleistungen: Wie zufrieden sind Sie mit dem Lohn/Gehalt und den Sozialleistungen? Wie zufrieden sind Sie mit dem Ausmaß, in dem man Sie gerecht dafür entlohnt, bezogen auf das, was Sie für die Firma beitragen? (2) Zufriedenheit mit der Sicherheit des Arbeitsplatzes: Wie zufrieden sind Sie mit der Sicherheit des Arbeitsplatzes? Wie zufrieden sind Sie mit den Zukunftsaussichten in Ihrem Betrieb, d.h. mit der Sicherheit Ihres Arbeitsplatzes in der zukünftigen Entwicklung Ihres Betriebes? (3) Zufriedenheit mit dem Vorgesetzten: Wie zufrieden sind Sie mit der Behandlung durch Ihre Vorgesetzten? Wie zufrieden sind Sie dem Umfang an Unterstützung und Anleitung durch Ihre Vorgesetzten? Wie zufrieden sind Sie mit der Qualität des Führungsstils in Ihrem Betrieb? Die Fragen stehen dabei nicht direkt hintereinander, sondern sind mit weiteren Fragen auf den Fragebogen verteilt, sodass die zum Teil recht ähnlich lautenden Formulierungen kaum auffallen dürften.

Theoretische Ebene

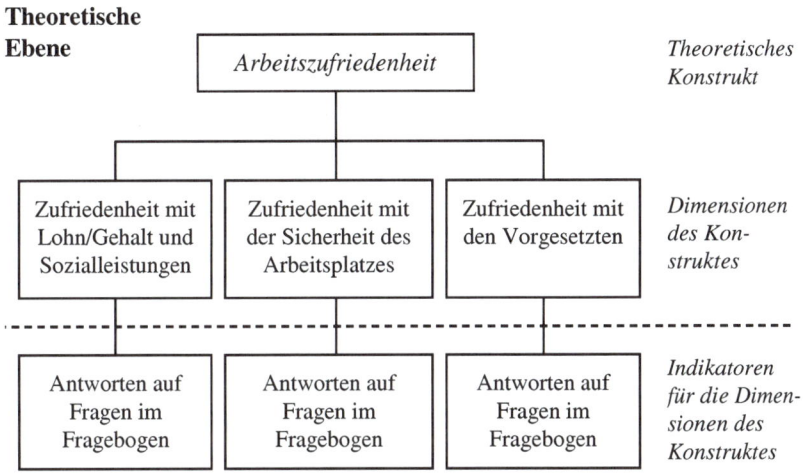

Übersicht 5: Operationalisierung eines theoretischen Konstruktes am Beispiel der Arbeitszufriedenheit (vgl. ähnlich Kroeber-Riel 2003: 190; Bronner/Appel/Wiemann 1999: 69)

Die Messhypothese heißt in diesem Fall: „Die Zustimmung bzw. Ablehnung bestimmter Aussagen im Fragebogen bzw. die ihnen zugeordneten Zahlen erfassen die Arbeitszufriedenheit" (Messhypothese). Oder anders formuliert: „Es ist zweckmäßig, das Ausmaß der Arbeitszufriedenheit über die Zustimmung bzw. Ablehnung bestimmter Aussagen im Fragebogen bzw. die ihnen zugeordneten Zahlen zu erfassen".

Wir sind keineswegs darauf festgelegt, die Arbeitszufriedenheit über schriftliche, standardisierte Fragen zu erfassen; wir könnten auch mögliche Reaktionen auf die Unzufriedenheit als Indikatoren heranziehen, z.B. die Fehlzeiten. Die Messhypothese würde dann lauten: „Hohe (niedrige) Fehlzeiten indizieren eine geringe (hohe) Zufriedenheit." Diese Messhypothese hat einen inhaltlichen, theoretischen Hintergrund: Sie beruht auf der Vermutung, dass Unzufriedene auf ihre Unzufriedenheit mit Fehlzeiten reagieren. Ein Blick in die Literatur zur empirischen Arbeitszufriedenheitsforschung zeigt uns allerdings, dass die Eignung von Fehlzeiten als Indikator zweifelhaft ist, weil nur ein geringer Zusammenhang zwischen Zufriedenheit und Fehlzeiten besteht (Neuberger 1974b).

Verständnisfragen:

12. Was ist mit „operationalisieren" gemeint?

13. Viele Unternehmen erheben das Alter ihrer Mitarbeiter. Was wird über das Alter gemessen, anders gesagt: Für welche personalwirtschaftlichen Sachverhalte können Sie das Alter als Indikator heranziehen? Formulieren Sie auch die jeweiligen Messhypothesen.

Im Folgenden wollen wir einige weitere wichtige Begriffe klären, die wir zum Teil bereits verwendet haben, die Ihnen in der Literatur immer wieder begegnen werden und die Sie als Denk- oder Werkzeuge benötigen.

4.2   Variablen

Eine *Variable* ist ein zusammenfassender Begriff für verschiedene Ausprägungen einer Eigenschaft (vgl. hierzu und im Folgenden auch Diekmann 2003: 100ff.; Schnell/Hill/Esser 1999: 125f.). Die Ausprägungen der Eigenschaft sind im einfachsten Fall „Eigenschaft vorhanden oder Eigenschaft nicht vorhanden".

Eine Variable ist z.B. das Alter der Mitarbeiter. Es handelt sich um eine Variable, weil nicht alle Mitarbeiter dasselbe Alter, also dieselbe Eigenschaft aufweisen. Wären alle Mitarbeiter gleich alt, dann müssten wir von einer Konstanten sprechen. Welche Werte kann die Variable annehmen? Hier ist zu beachten, dass sich die Ausprägungen nicht aus dem Untersuchungsobjekt selbst ableiten, vielmehr muss man vor dem Hintergrund der jeweiligen Fragestellung, aufgrund theoretischer und forschungsökonomischer Überlegungen entscheiden, welche Kategorien mit welchem Differenzierungsgrad man erfassen möchte. Man könnte relativ einfach in „Alt" versus „Jung" unterscheiden und sagen, dass jemand als „alt" bezeichnet werden soll, wenn er älter als 40 Jahre ist.

Oder wir könnten das Lebensalter in Tagen, Monaten oder Jahren erfassen.

Nach der *Art der Ausprägung* lassen sich *dichotome versus polytome Variablen* unterscheiden. Dichotome Variablen können nur zwei Ausprägungen annehmen (z.B. alt/jung oder männlich/weiblich), polytome Variablen dagegen mehr als zwei Ausprägungen (das Alter der Mitarbeiter, ausgedrückt in Jahren).

Nach der Möglichkeit der *Beobachtbarkeit* von Variablen unterscheidet man zwischen *manifesten und latenten Variablen*. Manifeste Variablen lassen sich relativ leicht, d.h. direkt beobachten. Ein Beispiel dafür ist die Körpergröße. Latente Variablen kann man dagegen nicht direkt beobachten. Solche Variablen sind etwa Motivation oder Sozialkompetenz. Der oben behandelte Schritt der Operationalisierung dient dazu, latente Variablen – also nicht direkt beobachtbare abstrakte Konstrukte – indirekt durch beobachtbare, d.h. manifeste Variablen (durch Indikatoren) zu messen.

4.3 Messen und Skalenniveau

Messen bezeichnet die systematische Zuordnung einer Menge von Zahlen oder Symbolen zu den Ausprägungen einer Variablen bzw. eines Objekts (Martin 1994: 148).

Messen ist nicht gleichbedeutend mit Quantifizierung, es müssen den Objekten also nicht zwingend Zahlen zugewiesen werden. Man könnte zum Beispiel die Ausprägungen der Variablen „Geschlecht" auch mit den verbreiteten Symbolen für männlich und weiblich repräsentieren. Ein anderes Beispiel: Bei der Messung der Variablen „Berufsausbildung" wäre es möglich, der Ausprägung „ungelernt" das Symbol „u", der Ausprägung „angelernt" das Symbol „a" und der Ausprägung „gelernt" das Symbol „g" zuzuweisen. Auch eine Variable wie Betriebszugehörigkeitsdauer ließe sich im Prinzip mit Symbolen statt Zahlen messen. Allerdings wäre dies wenig sinnvoll, denn wir wollen vielleicht mit dieser Variablen – bzw. genauer: mit der zahlenmäßigen Repräsentation dieser Variablen – Berechnungen durchführen, etwa die durchschnittliche Betriebszugehörigkeitsdauer ermitteln. Würden wir hier Symbole und keine Zahlen verwenden, wäre eine solche Berechnung zumindest schwierig. Welche Berechnungen überhaupt sinnvoll sind, hängt von der Art der Variablen bzw. von der verwendeten Skala ab.

Eine *Skala* bezeichnet ein Messinstrument, mit dessen Hilfe die (relative) Ausprägung einer oder mehrerer Variablen erfasst werden, meist geht es um eine numerische Erfassung (vgl. ähnlich Atteslander 2003: 253). Wir differenzieren zwischen unterschiedlichen Skalenarten bzw. Mess- oder Datenniveaus (vgl. Übersicht 6).

Skalentypen und Datenniveau

Skalen-typ	Interpretation der Skalen-werte	Zentrale Tendenz	Beispiele
Nominal-skala	Gleich oder verschieden	Häufigkeit, Modalwert	Geschlecht, Art des Ausbildungs-berufes
Ordinal-skala	Größer, kleiner oder gleich	Zusätzlich zu Häufigkeiten und Modal-wert: Median	Noten, Schul-abschlüsse, Skalen in Personal-beurteilungs-bögen
Intervall-skala	Vergleichbar-keit von Differenzen	Zusätzlich: Arithmetischer Mittelwert	Temperatur in Celsius
Ratio-skala	Aussagen über Verhältnisse, prozentuale Vergleiche	Zusätzlich: Geometrischer Mittelwert	Einkommen, Anzahl Schul-jahre, Betriebs-zugehörig-keitsdauer

Übersicht 6: Skalenarten und Interpretationen (nach Diekmann 2003: 255; s.a. Bronner/ Appel/Wiemann 1999: 65)

Nominalskalen dienen der Klassifizierung von Objekten. Beispielsweise können wir den Abschluss in der Studienrichtung Wirtschaftswissenschaften erfassen durch eine Skala mit den vier Ausprägungen „Betriebswirtschaft", „Volkswirtschaft", „Wirtschaftsingenieur" und „Wirtschaftsinformatik". Es wäre hier kaum sinnvoll, einen Mittelwert zu berechnen oder die Abschlüsse irgendwie in eine Rangreihe zu bringen im Sinne von „BWL ist mehr als VWL". Sinnvoll wäre es dagegen, eine Aussage darüber zu treffen, welcher Abschluss am häufigsten vorkommt, d.h. den Modalwert zu bilden. Man könnte auch eine Rangreihe der Häufigkeiten angeben und zwischen häufigstem, zweithäufigstem usw. Abschluss unterscheiden. Wollen wir den Zusammenhang zwischen zwei Variablen mit Nominalskalenniveau berechnen, dürfen wir auch nur ganz bestimmte Maße für die Stärke des Zusammenhangs berechnen. Die Erläuterung und Berechnung der jeweils geeigneten Zusammenhangsmaße wollen wir hier nicht weiter ausführen, sondern wir verweisen dazu auf entsprechende Lehrbücher (vgl. z.B. Assenmacher 2003; Benninghaus 2001, Bortz/Lienert/Boehnke 2000; Matiaske 1996). In dem Kapitel *9.2.2.2* erläutern wir lediglich die Kreuztabellenanalyse, die eine Möglichkeit zur Berechnung des Zusammenhangs zwischen nominal skalierten Variablen darstellt.

Ordinalskalen bringen – anders als Nominalskalen – Objekte in eine Rangordnung. Schulnoten oder auch die Bewertungen auf vielen Personalbeurteilungsbögen haben ein ordinales Messniveau. Ein Beispiel haben wir einem Beurteilungsbogen einer Bank entnommen. Der Beurteilungsbogen dient u.a. dazu, die „Lernbereitschaft" von Auszubildenden über die Indikatorfrage „Besorgt sich selbständig Informationen: Fast nie – selten – manchmal – meistens – fast immer (und: nicht beurteilbar)" zu messen. Nehmen wir an, bei dem Auszubildenden Schmidt hätte der Vorgesetzte „selten" angekreuzt und bei Schulze „fast immer". Dann wäre – bezogen nur auf diesen einen Indikator – Schulze zwar lernbereiter als Schmidt, aber man könnte kaum sagen, *wie viel* größer Schulzes Lernbereitschaft ist. Wir könnten auch nicht sagen, dass der Abstand zwischen „fast nie" und „selten" ebenso groß ist wie der zwischen „meistens" und „fast immer". Es würde auch nichts ändern, wenn wir die Skalenbezeichnungen durch Zahlen ersetzen würden, z.B. „fast immer" = 1 bis hin zu „fast nie" = 6. Wenn aber die Abstände nicht gleich sind, dürfen wir auch keinen Durchschnittswert in Form des arithmetischen Mittels berechnen. Wir sehen an diesem Beispiel auch, dass Schulnoten ebenfalls Ordinalskalenniveau haben und dass wir streng genommen keine Durchschnittsnoten verwenden dürften. Problemlos ist dagegen die Berechnung von Häufigkeiten bzw. des Modalwertes. Außerdem können wir denjenigen Wert bestimmen, der die Gesamtheit aller Datenwerte in zwei Hälften unterteilt, d.h. den Median.

Intervallskalen und Ratioskalen bezeichnet man auch als *metrische Skalen*. Sie ermöglichen nicht nur eine Aussage über die Rangordnung von Objekten, sondern auch Aussagen über die Größe der Intervalle zwischen den Objekten. Hier können wir deshalb das arithmetische Mittel (bei der Ratioskala auch das geometrische Mittel) berechnen. Erst ab einem Intervallskalenniveau können wir bestimmte statistische Verfahren verwenden. Die Unterschiede zwischen Intervallskalen und Ratioskalen sind für die meisten Anwendungsfälle der betrieblichen Personalforschung weniger wichtig; daher nur in Kürze: Bei Intervallskalen sind sowohl der Nullpunkt als auch die Skaleneinheiten willkürlich festgelegt. So kann man die Temperatur in Grad Celsius oder Grad Fahrenheit messen, der Nullpunkt hat jeweils eine andere, von bestimmten inhaltlichen Überlegungen abhängige Bedeutung. Bei Ratioskalen ist der Nullpunkt dagegen inhaltlich nicht variabel, z.B. beim Einkommen oder beim Alter. Bei der Wahl der Einheiten ist man jedoch grundsätzlich frei, z.B. können wir das Lebensalter in Jahren, Monaten oder Tagen messen.

Daten mit einem höheren Niveau können auf ein niedrigeres transformiert werden, aber nicht umgekehrt Daten mit einem niedrigen Niveau auf ein höheres. Angenommen, wir verfügen über Daten, die das monatliche Einkommen in Euro erfassen. Diese auf Ratioskalenniveau gemessenen Daten können wir auf Ordinalskalenniveau „heruntertransformieren", indem wir z.B. nur noch drei Einkommensklassen unterscheiden. Umgekehrt ist eine „Höhertransformation" von z.B. ordinal gemessenen Daten auf Ratioskalenniveau nicht möglich. Ebenso verhält es sich – wie oben ausgeführt – mit der Lebensdauer: diese kann in Jahren angegeben werden, man kann aber auch lediglich zwischen „jungen" und „alten" Personen unterschieden.

Was ist aus personalforschungspraktischer Sicht festzuhalten?

- Viele der „anspruchsvolleren" statistischen Verfahren, aber auch schon die Berechnung eines einfachen arithmetischen Mittels setzen mindestens Intervallskalenniveau voraus. In der Personalforschungspraxis haben wir es aber häufig mit ordinal skalierten Daten zu tun, z.B. im Bereich der Personalauswahl, Personalbeurteilung und Arbeitsplatzbewertung.

- Wir dürfen streng genommen mit ordinal skalierten Daten keine Mittelwerte (genauer: keinen arithmetischen Mittelwert) berechnen. Aber aus praktischer Sicht kann dies durchaus sinnvoll sein, da die Fehler, die wir dabei machen können, in der Regel eine relativ geringe Bedeutung haben (vgl. hierzu auch Bortz/Lienert/Boehnke 2000: 65f.), während die Vorteile oftmals gravierend sind: So ist es bei Personalbeurteilungen häufig praktisch notwendig, aus den einzelnen Werten einer ganzen Reihe von Ratingskalen einen Gesamtdurchschnittswert zu berechnen. Denn auf diese Weise lassen sich die Beurteilungen unterschiedlicher Mitarbeiter relativ einfach vergleichen und diskutieren. Gleichwohl sollten wir uns immer der Fehlermöglichkeiten bewusst sein und gelegentlich Kontrollen durchführen, indem wir z.B. bei ordinal skalierten Daten neben dem arithmetischen Mittel – wenn wir diesen Wert denn unbedingt benötigen – auch Median und Häufigkeitsverteilungen ausweisen.

- In der Personalforschungspraxis ist daher bereits bei der Konstruktion von Skalen zu antizipieren, welche Kennwerte und Zusammenhänge mit den Daten berechnet werden sollen.

Verständnisfragen:

14. Angenommen, wir hätten die Lernbereitschaft von fünf Auszubildenden (A bis E) mit folgenden Punktwerten eingeschätzt: A = 1, B = 5; C = 3, D = 3, E = 10. Wie groß ist der Median?

15. Welches Skalenniveau liegt den Werten vermutlich zugrunde?

16. Was versteht man unter einer Nominalskala?

4.4   Ratingskalen und Likert-Skalierung

Für die Personalforschung sind sog. Ratingskalen oder Likert-Skalen zur Erfassung abstrakter Sachverhalte bzw. Konstrukte besonders wichtig.

Ratingskalen

Bei einer Ratingskala wird eine Aussage (Statement) vorgegeben. Die Befragten entscheiden dann darüber, inwieweit diese ihrer Meinung nach zutreffend ist. Eine einfache Ratingskala zur *Messung der quantitativen Arbeitsbelastung* sieht so aus (Prümper/Hartmannsgruber/Frese 1995):

Ich habe zu viel Arbeit				
Trifft gar nicht zu	Trifft ein wenig zu	Trifft mittelmäßig zu	Trifft überwiegend zu	Trifft völlig zu
❑	❑	❑	❑	❑

Ein zweites Beispiel stammt aus dem bereits genannten *Beurteilungsbogen für Auszubildende* in einer Bank, auf das wir später detaillierter eingehen:

Stellt Zusatzfragen, um Zusammenhänge und Hintergründe zu erkennen					
Fast nie	Selten	Manchmal	Meistens	Fast immer	Nicht zu beurteilen
❑	❑	❑	❑	❑	❑

Den einzelnen Ausprägungen kann man numerische Werte zuordnen. Zum Beispiel könnten wir die letzte Skala so quantifizieren, dass die Ausprägung „Fast nie" den Wert 5 erhält, „Selten" entspricht dem Wert 4 usw., bis hin zu „Fast immer" = 1. Dies hätte den Vorteil, dass sich die Werte ähnlich wie Schulnoten interpretieren lassen.

Häufig bezeichnet man solche Ratingskalen als Likert-Skalen. Dies ist irreführend. Eine Likert-Skala ist vielmehr das Ergebnis einer Aufsummierung verschiedener Skalenwerte zu einer Gesamtskala, um ein komplexes Konstrukt zu erfassen, wobei die einzelnen Skalen auf ihre Eignung zur Messung dieses Gesamtkonstruktes geprüft werden. Ein solches Verfahren wurde von Likert (1932) entwickelt und wird als Likert-Skalierung oder als Methode der summierten Einschätzungen bezeichnet.

Die Grundidee der Technik der summierten Einschätzungen besteht darin, ein abstraktes Konstrukt mit einer ganzen Reihe von Aussagen zu erfassen, wobei davon ausgegangen wird, dass es auf diese Weise besser erfasst wird als mit nur einer Frage. Die einzelnen Antwortwerte zu den vorgegebenen Aussagen fasst man zu einem Gesamtwert zusammen, allerdings wird vorher geprüft, ob man nicht „Äpfel und Birnen zusammenrechnet". Der Gesamtwert drückt das Ausmaß der jeweiligen Einschätzung aus.

Im Einzelnen geht man bei der Methode der summierten Einschätzungen so vor, wie in Übersicht 7 beschrieben (vgl. detaillierter Spector 1992; Diekmann 2003: 209-215)

Methode der summierten Einschätzungen (Likert-Skalierung) – Schritte bei der Skalenkonstruktion

1. Sammlung einer großen Zahl von vermutlich zur Messung geeigneten Aussagen (auch Items genannt)

2. Einer Stichprobe von Personen wird die Liste mit den Aussagen (Items) vorgelegt, die Personen geben zu jeder Aussage eine Einschätzung ab

3. Durchführung einer Skalenanalyse, um zu prüfen, inwieweit alle Aussagen das fragliche Konstrukt erfassen und ob die Skala eindimensional ist (mit Hilfe sog. Trennschärfenanalysen und Faktorenanalysen)

4. Aussonderung ungeeigneter Items

5. Anwendung der Skala

Übersicht 7: Methode der summierten Einschätzungen (Likert-Skalierung)

Vom Grundsatz her handelt es sich auch bei der Personalbeurteilung mit Skalen wie in dem obigen Beispiel um das Prinzip der Likert-Skalierung: Man fragt den Vorgesetzten (oder auch Kollegen usw.), in welchem Maße er bestimmten Aussagen über den zu beurteilenden Mitarbeiter zustimmt. Im Folgenden erläutern wir die Methode der summierten Einschätzungen daher am Beispiel einer Skala zur Erfassung der Lernbereitschaft von Auszubildenden.

Im *ersten Schritt* sammelt man Aussagen, von denen man annimmt, dass sie bestimmte Aspekte des Konstruktes erfassen, so z.B. Statements zu typischen Verhaltensweisen der Auszubildenden, die auf eine hohe (oder niedrige) Lernbereitschaft hindeuten. Wir können uns dabei durch theoretische Überlegungen leiten lassen, können Expertenaussagen heranziehen, wir können aber auch schlicht und einfach intuitiv vorgehen und Aussagen oder Fragen erfinden, von denen wir vermuten, dass sie das betreffende Merkmal erfassen (dabei leiten uns natürlich auch implizite Annahmen, man könnte sagen: Theorien).

Im *zweiten Schritt* wendet man das Verfahren probeweise an, d.h. man legt den Beurteilern den Fragebogen mit den Aussagen und den dazugehörigen Ratingskalen vor, mit der Bitte, die ihnen zugeteilten Auszubildenden anhand der Aussagen einzuschätzen. Auf diese Weise gewinnt man zunächst einmal Daten, anhand derer anschließend mittels Skalenanalyse entschieden werden kann, ob die einzelnen Aussagen überhaupt zur Messung geeignet sind. Dieser Schritt ist in der Praxis zumindest bei der Personalbeurteilung mit Problemen verbunden: Man kann nicht Personen erst einmal probeweise beurteilen, nur um eine Skala zu entwickeln. Daher wird die Skalenanalyse oft erst durchgeführt, nachdem die relevanten Daten bereits erhoben worden sind. Gegebenenfalls hat dies dann zur Folge, dass nur ein Teil des Fragebogens verwendet wird (siehe hierzu die nachfolgend beschriebenen Schritte).

Im *dritten Schritt*, der Skalenanalyse, geht es um die Entscheidung, in welchem Maße die einzelnen Aussagen tatsächlich geeignet sind, die Lernbereitschaft zu messen. Angenommen, wir hätten folgende Aussagen (Items) zur Erfassung der *Lernbereitschaft* (wieder das Beispiel mit den Auszubildenden):

---

1. Stellt Zusatzfragen, um Zusammenhänge und Hintergründe zu erkennen

2. Nimmt Ausbildungsmöglichkeiten selbständig wahr, nutzt die Ausbildungszeit

3. Sucht bewusst praktische Anwendungen seiner Kenntnisse und Fähigkeiten

4. Besorgt sich selbständig Informationen

5. (Gibt bei schwierigen Aufgaben nicht so leicht auf)

Sind alle diese Items geeignet, die Lernbereitschaft zu messen? Um es vorwegzunehmen: Aussage 5 soll nicht die Lernbereitschaft, sondern das Leistungsverhalten, genauer: die Ausdauer, messen. Wie kann man aber entscheiden, ob nicht auch diese Aussage die Lernbereitschaft misst bzw. ob alle anderen wie vermutet das Konstrukt erfassen? Wir wollen die statistischen Verfahren, die man zur Klärung dieser Probleme heranzieht, in ihren Grundgedanken skizzieren (siehe im Einzelnen z.B. Diekmann 2003: 209-215).

Folgende Bedingungen müssen erfüllt sein, damit ein Item für die Skala geeignet ist (s.a. Schnell/Hill/Esser 1999: 181-185):

- *Itemschwierigkeit und Itemtrennschärfe.* Personen mit differierenden Einschätzungen müssen die jeweiligen Fragen unterschiedlich beantworten bzw. unterschiedliche Objekte – z.B. Auszubildende – müssen verschieden eingeschätzt werden. Wenn also alle oder ein sehr großer Teil der Beurteiler bei einer Frage (z.B. Frage 2) durchgängig für alle Auszubildenden zustimmen und „fast immer" ankreuzen würden, dann wäre dieses Item kaum geeignet, zwischen „lernbereiten" und „nicht lernbereiten" Personen zu trennen. Man verwendet zwei Verfahren, um festzustellen, ob die jeweiligen Items trennscharf sind: Erstens kann man die *Itemschwierigkeit* feststellen, indem man den Anteil der Beurteiler feststellt, die sehr positive oder sehr negative Einschätzungen abgeben. Ist einer dieser beiden Prozentsätze sehr hoch, ist das Item wenig geeignet. Man akzeptiert z.B. Items mit zwei Ausprägungen (ja/nein, stimmt/stimmt nicht), wenn der Anteil der Ablehnenden bzw. Zustimmenden zwischen 20 und 80 Prozent liegt (vgl. Bortz/Döring 2002: 218).

- Bei mehrstufigen Items wird die Summe der erreichten Punkte bei einem Item durch die maximal erreichbare Punktzahl dieses Items dividiert. Zweitens können wir die *Trennschärfe* eines Items feststellen, indem wir dessen Punktwerte mit der Gesamtsumme aller anderen Items korrelieren. Die Korrelation des Punktwertes für eine Frage x mit denen aller anderen Fragen wäre z.B. gering, wenn alle Beurteiler Frage x gleich beantworten würden, unabhängig von ihren Antworten bei den übrigen Fragen. Mit anderen Worten: Items (bzw. Fragen) mit geringen Korrelationen (unter $r = 0,30$) mit der Gesamtsumme sollten wir nicht verwenden (Bortz/Döring 2002: 218f.).

- *Eindimensionalität*. Die Skala soll lediglich eine einzige Dimension erfassen, in unserem Beispiel die Lernbereitschaft. Wie wir bereits erwähnt haben, erfasst die Aussage „Gibt bei schwierigen Aufgaben nicht so leicht auf" aber nicht die Lernbereitschaft, sondern ein gänzlich anderes Konstrukt, nämlich die Ausdauer. Das bedeutet, es wäre nicht sinnvoll, die Werte der Fragen von 1 bis 5 auf einer gemeinsamen, eindimensionalen Skala zu verrechnen. Um Eindimensionalität festzustellen, verwendet man das Verfahren der *Faktorenanalyse*. Items, die das gleiche messen, müssten hoch untereinander korrelieren, aber nicht mit anderen Items, die etwas anderes erfassen. Anders als bei der Berechnung der Trennschärfe bietet hier die Korrelationen jedes Items mit jedem anderen (die Korrelationsmatrix) den Ausgangspunkt der Analyse. Sind die Korrelationen zwischen allen möglichen Item-Paaren hoch, können sie zu einer Dimension verdichtet werden. In unserem Beispiel müssten die Werte der Items 1 bis 4 untereinander sehr hoch korrelieren und könnten somit zusammengefasst werden, mit Item 5 korrelierten sie jeweils aber nur sehr gering. Bei der Faktorenanalyse würden sich daher zwei Faktoren ergeben: ein Faktor, den wir als Lernbereitschaft bezeichnen, da alle Items von 1 bis 4 hoch mit diesem korrelieren, und einen zweiten Faktor „Ausdauer", mit dem lediglich die Werte von Item 5 hoch assoziiert sind. Ein solches Ergebnis lieferte uns eine Bestätigung dafür, dass wir Item 5 nicht für die Skala verwenden sollten. Ein anderes, inhaltlich ähnlich zu deutendes Verfahren besteht darin, eine Maßzahl für die Eindimensionalität (bzw. die Homogenität) der Skala zu berechnen. Hierzu verwendet man als Maßzahl „Cronbachs Alpha", die sehr oft in empirischen Studien angegeben wird, um die Güte (interne Konsistenz) der jeweiligen Skala zu quantifizieren. (Alpha kann Werte zwischen Null und Eins annehmen; Skalen mit einem Wert von über 0,8 werden zumeist als zufrieden stellend angesehen.) (vgl. ausführlich zur Skalenkonstruktion Spector 1992).

Im *vierten Schritt* sortieren wir die ungeeigneten Items (Aussagen oder Fragen) aus. In unserem Fall würde die Frage 5 eliminiert und für die Skala „Lernbereitschaft" nur die Items 1 bis 4 verwendet. Wir könnten dann – wie im Beispiel der Erhebung der Arbeitszufriedenheit bei der Firma Allesmann – die Werte der Fragen 1 bis 4 addieren, um sie anschließend durch vier (die Anzahl der Fragen) zu dividieren. Auf diese Weise berechnen wir eine komplexe Skala, die es ermöglicht, die jeweilige Ausprägung der Lernbereitschaft durch einen einzigen Wert zu quantifizieren. Im Allgemeinen nimmt man an, dass eine so berechnete Skala Intervallskalenniveau besitzt.

Im *fünften Schritt* würden wir dann die Skala einsetzen, d.h. für die Beurteilung der Auszubildenden verwenden. Es wäre z.b. möglich, die Lernbereitschaft der Auszubildenden zu vergleichen.

Verständnisfragen:

17. Was versteht man unter einer Ratingskala?
18. Welche Schritte umfasst das Verfahren der summierten Einschätzungen?
19. Erläutern Sie den Begriff „Itemschwierigkeit" an einem Beispiel.

4.5   Klassifikationen und Typologien

Klassifikationen und Typologien sind neben Skalen weitere wichtige Denkzeuge der Forschung. Mit Hilfe von Skalen können wir Objekte in eine Reihenfolge bringen. Zum Beispiel lassen sich Bewerber mit Hilfe einer Skala zur Messung von Sozialkompetenz nach dem Ausmaß dieser Kompetenz der Reihe nach ordnen.

Klassifikationen und Typologien können, müssen aber keine Rangfolge abbilden. Eine einfache Klassifikation wäre z.B. die Unterscheidung von Personen nach ihrem Beruf. Dies entspricht auch einer Nominalskala. (Ob es sinnvoll ist, von einer Nominal*skala* zu sprechen und nicht in einem solchen Fall von Klassifikation, sei dahingestellt. Wir orientieren uns am üblichen Sprachgebrauch und versuchen diesen zu vermitteln.)

Klassifikationen und Typologien sind allgemein definiert als die Ordnung von Objekten auf Grundlage ihrer Ähnlichkeit. Klassifikationen beruhen auf der Ähnlichkeit eines einzigen Merkmals, Typologien auf der Ähnlichkeit zweier oder mehrerer Merkmale (Kluge 2000: 2; Bailey 1994). Wenn wir also Personen auf Basis ihrer Ausbildung ordnen, dann klassifizieren wir; wenn wir sie auf Basis ihrer Ausbildung und ihres Alters gleichzeitig ordnen, dann typisieren wir. Ein Beispiel für eine

Klassifizierung wäre die Zuordnung zu den beiden Klassen „keine Berufsausbildung absolviert und Berufsausbildung absolviert". Wenn wir ein weiteres Merkmal hinzuziehen, z.B. das Alter in gruppierter Form, dann hätten wir eine Typologie mit den vier Ausprägungen (Typen) „Jüngere ohne Berufsausbildung", „Ältere ohne Berufsausbildung", „Jüngere mit Berufsausbildung", „Ältere mit Berufsausbildung". Im Folgenden gehen wir auf Typologien näher ein.

Man unterscheidet zwei Arten von Typologien: Bei explizierten Typologien werden die kategorisierenden Merkmale offen gelegt; bei nicht explizierten sind die Merkmale dagegen nicht explizit festgelegt.

Explizierte Typologien

Explizierte Typologien werden sehr häufig auf der Grundlage von zwei Merkmalen mit zwei Ausprägungen bzw. zwei dichotomen Variablen entwickelt. Die folgende Typologie (in Anlehnung an Klages 1987: 79) unterscheidet auf der Grundlage von zwei Dimensionen mit jeweils zwei Ausprägungen vier Wertetypen: Aktive Realisten, Ordnungsliebende Konventionalisten usw.

Selbstentfaltungswerte

		stark ausgeprägt	gering ausgeprägt
Pflicht- und Akzeptanz- werte	stark aus- geprägt	Aktive Realisten 27 %	Ordnungsliebende Konventionalisten 20 %
	gering ausgeprägt	Nonkonforme Idealisten 22 %	Perspektivenlose Resignierte 32 %

Übersicht 8: Wertetypologie (in Anlehnung an Klages 1987: 12, s.a. Neuberger 1994: 79, durch Rundungen ergeben die Anteile mehr als 100 Prozent)

Wenn man eine solche Typologie konstruiert, muss man erstens zunächst festlegen, welche Dimensionen herangezogen werden sollen. Hier könnte man sich, wie bei der Skalenkonstruktion, von theoretischen Überlegungen leiten lassen. Zweitens sind die Ausprägungen der Dimensionen festzulegen: Man muss entscheiden, ob man in zwei oder mehr Stufen unterscheiden will. In dem obigen Beispiel entschied man sich für eine Differenzierung in jeweils zwei Ausprägungen. Wir könnten selbstverständlich auch eine Drei-Mal-Drei-Matrix konstruieren (oder andere Kombinationen der beiden Dimensionen mit mehr Stufen; wir könnten grundsätzlich auch mehr Dimensionen heranziehen). Drittens muss man sich Benennungen für die Typen *ausdenken*, die durch die Kombinationen der Variablenausprägungen beschrieben werden.

Wozu können wir eine solche Typologie verwenden? Erstens können wir feststellen, wie häufig welcher Typ vorkommt. Zweitens können wir analysieren, welche weiteren Merkmale die verschiedenen Typen auszeichnen. So wäre es etwa interessant zu wissen, ob die obigen Typen sich hinsichtlich ihres Führungsstils unterscheiden (vgl. zu einer derartigen Analyse Matiaske 1996). Die Typologie bildet dann die unabhängige, der Führungsstil die abhängige Variable, wobei es aber keineswegs notwendig ist, eine Unterscheidung in abhängig und unabhängig vorzunehmen, dies hängt von theoretischen Vorüberlegungen ab.

Nicht explizierte Typologien

Bei nicht explizierten Typologien sind – anders als in dem obigen Beispiel – die Dimensionen nicht explizit festgelegt. Eine solche Typologie stammt z.B. von Kotthoff (1981). Er unterscheidet sieben unterschiedliche Typen betrieblicher Partizipationsmuster bzw. Sozialbeziehungen zwischen Betriebsrat und Management:

I:	Ignorierter Betriebsrat
II:	Isolierter Betriebsrat
III:	Betriebsrat als Organ der Geschäftsleitung
IV:	Der respektierte zwiespältige Betriebsrat als Ordnungsfaktor
V:	Der respektierte standfeste Betriebsrat
VI:	Betriebsrat als kooperative Gegenmacht
VII:	Der klassenkämpferische Betriebsrat

Übersicht 9: Typologie von Partizipationsmustern (Kotthoff 1981)

Kotthoff hat in 63 Betrieben ausführliche Leitfadeninterviews mit Betriebsratsmitgliedern und mindestens einem Mitglied der Geschäftsleitung geführt. Die Interviews wurden dann ausgewertet und die Ergebnisse zu Typen „verdichtet" (vgl. Kotthoff 1981: 43). Zwar gibt Kotthoff eine Reihe von Merkmalen an, mit deren Hilfe die Sozialbeziehungen unterschieden wurden; allerdings bleibt unklar, welche Ausprägungen der Variablen bei welchem Typ exakt vorliegen. Welche Merkmalsausprägungen charakterisieren z.B. Typ I und zwar genau? Es ist auch nicht klar, ob für jeden Fall Informationen über die Ausprägungen aller Merkmale vorlagen und für die Einordnung genutzt wurden. Anders gesagt: Es ist schwer nachzuvollziehen, wie die Entscheidung darüber getroffen wurde, ob ein Betrieb z.B. Typ I, Typ V oder Typ VI zuzuordnen ist. Allerdings heißt dies nicht, dass eine solche „qualitative" Auswertung grundsätzlich problematisch wäre. Bedauerlich ist nur, dass die einzelnen Auswertungsschritte bei Kotthoff (1981) nicht besser dokumentiert werden.

Bei einer nicht explizierten Typologie werden also eine Vielzahl von Variablen verwendet, um die einzelnen Fälle bzw. Untersuchungseinheiten einzuordnen. Meistens fragt man dann auch nicht mehr, ob es Unterschiede zwischen den Typen hinsichtlich weiterer Variablen gibt – eine Unterscheidung zwischen unabhängigen und abhängigen Variablen wird in der Regel nicht getroffen, man „baut" sozusagen alle Variablen mit in die Typologiekonstruktion ein. Weiterhin können wir sehen, dass die obige Typologie auch als eine Art Ordinalskala interpretiert werden kann, die die Partizipationsintensität beschreibt, auch wenn sehr viel mehr in der Typologie steckt. Eine solche Interpretation als Rangskala ist allerdings nicht bei allen Typologien möglich bzw. sinnvoll. (Typ VII kam übrigens entgegen der Vermutungen von Kotthoff empirisch nicht vor.)

Die Verwendung von Typologien hat Vorteile: Typologien fassen Variablen zusammen und erleichtern das Verständnis (wenn die Typen gut konstruiert sind).

Verständnisfragen:

20. Was ist der Unterschied zwischen explizierten und nicht explizierten Typologien?

21. Konstruieren Sie eine Typologie aus den beiden Variablen „Gegenwärtige Leistung" und „Zu erwartende Leistung". Finden Sie Bezeichnungen für die Typen.

5 Untersuchungsformen

Unterscheidungskriterium	Untersuchungsformen
• Einmalige oder mehrmalige Erhebung von Daten	• Querschnittanalyse • Längsschnittanalyse
• Kontrollgruppe und deren Zusammensetzung (wie wird die Varianz in den Daten sichergestellt; gibt es eine Kontrollgruppe/ Randomisierung?) • Vorher- und Nachhermessung (Pretest)	• Vorexperimentelles Design • Quasi-experimentelles Design • Experimentelles Design • Solomon-Vier-Gruppen-Design
• Herkunft des Datenmaterials	• Primäranalyse • Sekundäranalyse
• Anzahl der betrachteten Fälle	• Einzelfallstudie

Übersicht 10: Untersuchungsformen

Wenn wir Informationen erheben, treffen wir stets Annahmen über Zusammenhänge, auch wenn wir uns dessen nicht immer bewusst sind. Bei einem Vorstellungsgespräch gehen wir z.B. davon aus, dass das Verhalten, welches eine Bewerberin im Gespräch zeigt, die Antworten, die sie auf die gestellten Fragen gibt, darauf schließen lassen, ob sie ihre zukünftigen Aufgaben gut bewältigen wird. Hier werden implizit zwei Zusammenhangsannahmen getroffen: (1) Wenn die Bewerberin in dem Vorstellungsgespräch ein bestimmtes Verhalten zeigt, wird dieses durch ihre Eigenschaften und Fähigkeiten hervorgerufen. (2) Wenn sie entsprechende Eigenschaften und Fähigkeiten hat, so wird sie das Verhalten auch zukünftig zeigen können und den potenziellen Aufgaben gewachsen sein. Ebenso wie in diesem Beispiel ist es zumeist die Aufgabe der empirischen Personalforschung, Aussagen über Ursache-Wirkungs-Beziehungen zu treffen: Hat eine Personalentwicklungsmaßnahme den gewünschten Erfolg erzielt? Wie kommt es, dass die Arbeitsmotivation gesunken ist? Wie können Fehlzeiten reduziert werden? Solche und ähnliche Fragestellungen zielen darauf ab, kausale Zusammenhänge zu erfassen. Die unterschiedlichen Untersuchungsformen sind je nach Fragestellung besser oder schlechter geeignet, Entscheidungen darüber zu treffen, ob unsere Vermutungen über die jeweilige Kausalität richtig sind.

5.1 Kausalität

Bevor wir uns mit den einzelnen Untersuchungsformen beschäftigen, soll zunächst geklärt werden, wann begründet von kausalen Zusammenhängen ausgegangen werden kann. Mit Kausalität meinen wir, dass die Ursache eines Sachverhalts X (z.B. die gestiegene Leistungsfähigkeit eines Mitarbeiters im Umgang mit einem neuen Computersystem) ein anderer Sachverhalt Y (z.B. dem Besuch einer Schulungsmaßnahme) bildet (vgl. Bronner/Appel/Wiemann 1999: 15). Das Denken in Ursache-Wirkungs-Beziehungen ist für uns alltäglich, stets sind wir versucht, bestimmten Phänomenen Ursachen zuzuschreiben. Sehr schnell kann man sich hierbei aber täuschen. Ein bekanntes Beispiel, bei dem der Trugschluss sofort ins Auge fällt, ist der vermeintliche Zusammenhang zwischen den Vorkommen von Störchen in bestimmten Ortschaften und einer im Vergleich mit anderen Orten hohen Geburtenrate. Es bringt nicht wirklich – wie Sie sicher wissen – der Klapperstorch die Kinder: Vielmehr lässt sich der Zusammenhang dadurch erklären, dass in ländlichen Regionen einerseits Störche häufiger vorkommen und andererseits dort höhere Geburtenraten zu verzeichnen sind. Die niedrigere Urbanisierung ist demnach sowohl die Ursache der erhöhten Geburtenrate als auch der Existenz der Störche (vgl. Diekmann 2003: 58). Damit man eine Vermutung über einen Zusammenhang als begründet betrachten kann, muss diese Vermutung bestimmten Kriterien genügen – anders ausgedrückt: man muss ganz bestimmte Argumente für die Behauptung, dass ein kausaler Zusammenhang besteht, nennen, um begründet sagen zu können „X bewirkt Y". Es müssen folgende methodische Bedingungen erfüllt sein (Schnell/Hill/Esser 1999: 55f.).

Methodische Kausalitätskriterien

1. Es lässt sich empirisch ein Zusammenhang zwischen den Sachverhalten X und Y feststellen, z.B. statistisch in Form einer Korrelation (immer wenn X vorliegt, dann liegt auch Y vor).

2. Die Ursache (hier X) geht der Wirkung (Y) zeitlich voraus.

3. Der Zusammenhang z.B. in Form einer Korrelation „verschwindet" nicht, wenn wir andere Sachverhalte (abstrakt gesprochen) der Erklärung hinzuziehen (wie im Klapperstorchbeispiel den Urbanisierungsgrad).

Dabei ist zu beachten, dass rein methodische oder statistische Argumente keineswegs ausreichen, um von einem Kausalzusammenhang ausgehen zu können, vielmehr bedarf es in jedem Fall einer theoretischen Begründung des Zusammenhanges, bzw. stichhaltiger und plausibler Erklärungen. (Die Klapperstorch-These im obigen Beispiel wäre sicherlich nicht haltbar.)

Darüber hinaus ist natürlich zu gewährleisten, dass bei der Erfassung der Sachverhalte keine Fehler (Messfehler) begangen wurden. Das letztlich unabdingbare Kriterium bleibt jedoch die theoretische Begründbarkeit des Zusammenhangs, ansonsten würden wir einen naiven Empirismus praktizieren, wie im Storchenbeispiel.

Es werden verschiedene *Formen von Kausalbeziehungen* unterschieden, je nachdem, welchen Zusammenhang wir zwischen den Variablen theoretisch annehmen. Die wichtigsten Strukturen (Drei-Variablen-Fall) sind in Übersicht 11 dargestellt. Der Buchstabe X steht für die Ursache, Y für die Wirkung, Z kennzeichnet den Einfluss weiterer betrachteter Sachverhalte. *direkte Kausalität*

Monokausalität	Multikausalität	Scheinkorrelation	Interpretation

X ⟶ Y	X ⟍
	   ⟶ Y
	Z ⟋
		Z ⟨ X
		  ↓
		  Y
			X⟶ Z ⟶ Y

Übersicht 11: Kausalstrukturen (in Anlehnung an Diekmann 2003: 610)

In den *ersten beiden Fällen* liegt eine direkte Kausalität vor. Y wird von einem (*Monokausalität*) oder mehreren, von einander unabhängigen Faktoren (*Multikausalität*) bewirkt. In der Regel rufen bei sozialen Phänomenen immer mehrere Determinanten eine Wirkung hervor; es wird jedoch selten möglich sein, alle gänzlich zu erfassen. Daher beschränken sich empirische Untersuchungen darauf, *relevante* Ursachen zu erheben. Was als relevant angesehen wird, ergibt sich dabei aus theoretischen Vorüberlegungen. Um auszudrücken, wie gut ein Sachverhalt durch die betrachteten Aspekte erklärt werden kann, spricht man vom Anteil der erklärten Varianz. Dies meint Folgendes: Inwieweit kann davon ausgegangen werden, dass die verschiedenen Ausprägungen, die der zu erklärende Sachverhalt annehmen kann (Varianz: z.B. hohe Fehlzeiten; niedrige Fehlzeiten) durch die betrachteten Sachverhalte (z.B. Negativkultur im Unternehmen, allgemeine Arbeitszufriedenheit, Schwierigkeit der Arbeitsaufgaben) hervorgerufen werden? Also: In welchem Ausmaß weisen Mitarbeiter, die eine niedrige Arbeitszufriedenheit besitzen, in deren Abteilung Fehlzeiten akzeptiert werden bzw. die schwierigere Arbeitsaufgaben bewältigen müssen, höhere Fehlzeiten auf? Gegebenenfalls sind auf der Basis der empirischen Ergebnisse die getroffenen Annahmen zu überdenken und wiederum theoretisch begründete Alternativhypothesen zu entwickeln. Die methodische Überprüfung und die theoretische Fundierung der Vermutungen müssen also Hand in Hand gehen.

Die *Scheinkorrelation* haben wir oben bereits angesprochen. Der fiktive Zusammenhang zwischen dem Vorhandensein von Störchen (X) und einer hohen Geburtenrate (Y) verschwindet, wenn man zusätzlich den Aspekt der Urbanisierung (Z) betrachtet.

Das letzte dargestellte Schema (*Interpretation*) beschreibt die Situation, in der Y nicht direkt durch Z hervorgerufen wird, sondern ein Erklärungsfaktor zwischengeschaltet ist. Dass ältere Mitarbeiter weniger als jüngere an Weiterbildungsmaßnahmen teilnehmen, hat nichts mit dem Alter direkt zu tun. Alter (X) führt nicht direkt zu weniger Weiterbildungsaktivität (Y), vielmehr wird dieser Zusammenhang erst durch die Einführung einer intervenierenden Variablen (Z) verständlich; d.h. wir interpretieren mit Hilfe dieser Variablen den Zusammenhang zwischen Alter und Weiterbildung. In unserem Beispiel ist die Variable Z die erwartete Belohnung für die Weiterbildungsaktivitäten: Ältere erwarten für erfolgte Weiterbildungsmaßnahmen seltener die Möglichkeit, befördert zu werden oder ein höheres Entgelt zu bekommen und nehmen daher seltener Weiterbildungsangebote wahr.

Wie wichtig es ist, die unterstellten Zusammenhänge theoretisch zu begründen, und dass die Prüfung methodischer Kriterien allein nicht ausreichend ist, um kausale Zusammenhänge zu rekonstruieren, zeigt folgende Überlegung: Sowohl bei einer Scheinkorrelation als auch im Falle der Kausalstruktur der Interpretation, würde eine multivariate Datenanalyse (beispielsweise eine Effektzerlegung mittels Kreuztabellenanalyse, die wir in Kapitel 9.2.2.2 erläutern) ergeben, dass X und Y nicht (direkt) assoziiert sind. Der direkte Zusammenhang zwischen den Variablen löst sich bei der Drittvariablenkontrolle also auf. Um diesen empirischen Sachverhalt zu deuten, bedarf es deshalb stichhaltiger theoretischer Begründungen. In unseren Beispielen ist dies freilich einfach: Es ist unsinnig davon auszugehen, dass die nicht erwarteten Belohnungen die Mitarbeiter altern lässt, ebenso wäre es äußerst gewagt, an der Klapperstorchthese festzuhalten.

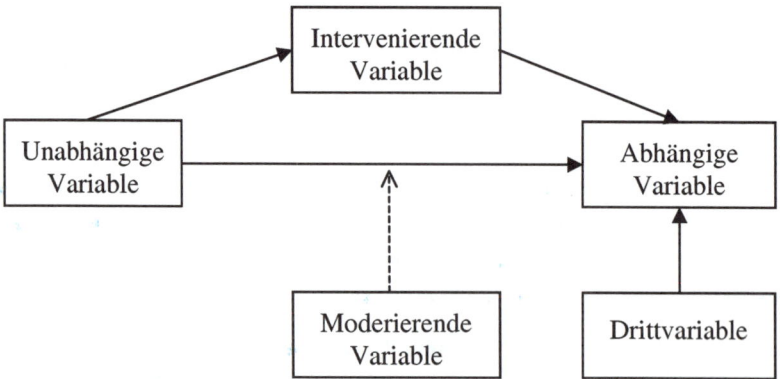

Übersicht 12: Variablen-Typen nach der Art der Stellung im Kausalzusammenhang (in Anlehnung an Bronner/Appel/Wiemann 1999: 125)

Je nach Annahme über den Kausalzusammenhang wird zwischen abhängigen, unabhängigen, moderierenden oder intervenierenden Variablen unterschieden (Bronner 1999: 124f.).

Bei den *abhängigen Variablen* handelt es sich um die zu erklärenden Wirkungen (Fehlzeitenquote, Geburtenrate, Weiterbildungsaktivität ...).

Die *unabhängigen Variablen* sind die Faktoren, deren Einfluss untersucht werden soll und die als Ursache angesehen werden (Arbeitszufriedenheit, Urbanisierungsgrad, Alter).

Intervenierende Variablen wirken zwischen den unabhängigen und abhängigen Variablen. In unserem Beispiel war die erwartete Belohnung für die Weiterbildungsteilnahme bei den älteren Arbeitnehmern geringer als bei den jüngeren. Arbeitnehmer, die eine Belohnung für die Weiterbildungsteilnahme erwarten, entschließen sich eher dazu, an einer solchen Maßnahme teilzunehmen, als solche, die eine Belohnung für unwahrscheinlich halten. Die geringe Weiterbildungsaktivität der Älteren kann somit erklärt werden. Intervenierende Variable ist in diesem Fall die erwartete Belohnung.

Moderierende Variablen nehmen insofern eine Sonderstellung ein, als sie nicht kausal auf andere wirken, sondern Bedingungen beschreiben, in denen ein Kausalzusammenhang überhaupt erst zustande kommt. In unserem Weiterbildungsbeispiel wäre eine solche Bedingung, dass die Arbeitnehmer selbständig über die Weiterbildungsteilnahme entscheiden können. Würde vom Arbeitgeber über die Teilnahme unabhängig von der Interessenslage der Mitarbeiter bestimmt, käme der oben beschriebene Effekt nicht zustande.

Wie bereits erwähnt, können meist nicht alle Faktoren erfasst werden, die die Varianz der abhängigen Variablen bestimmen. Effekte, die neben den betrachteten Variablen einen Einfluss auf die abhängige Variable ausüben, aber nicht explizit mitbedacht werden, bezeichnet man als *Drittvariablen* oder auch *Störvariablen*. Ihr Einfluss sollte nach Möglichkeit kontrolliert werden. Ein solcher nicht beachteter Effekt im Weiterbildungsbeispiel könnte Folgender sein: Auch die Arbeitgeber entsenden Ältere seltener zu Bildungsmaßnahmen, da die „Restlaufzeit" der Bildungsinvestition bei Älteren kürzer und die Amortisation daher geringer ist. Würden wir diesen Aspekt in unserem Drei-Variablen-Fall nicht mitbedenken, könnte es sein, dass die erklärte Varianz unseres Modells gering ist, da die unterstellten Nutzen- und Wahrscheinlichkeitsüberlegungen der älteren und jüngeren Arbeitnehmer doch nicht so stereotyp ausfallen wie vermutet.

Wie wir sehen, ist es oft sinnvoll, multivariate Analysen durchzuführen, d.h. sich nicht auf die Beziehung zweier Variablen zu beschränken. Den Zusammenhang zwischen Weiterbildungsaktivität und Alter könnten wir am besten klären, wenn alle erwähnten Aspekte betrachtet würden: Weiterbildungsaktivität, Alter, Teilnahmemotive seitens der Arbeitnehmer (erwartete Belohnung), Entscheidungskalküle des Unternehmens. Und wiederum kommt unser Plädoyer für eine gründliche theoretische Fundierung der Erhebung zum Tragen: Welche Variablen zu erfassen sind und welche Kausalstruktur wir unterstellen, müssen wir vorab auf der Basis plausibler und stichhaltiger Überlegungen festlegen.

Verständnisfragen:

22. Was versteht man unter Kausalität, und welche Kriterien müssen erfüllt sein, um von einem kausalen Zusammenhang ausgehen zu können?

23. Was bedeutet folgende Aussage: Der Führungsstil des Meisters erklärt nur 10% der Varianz der Leistung der Abteilung?

24. Nennen Sie ein Beispiel für eine Scheinkorrelation aus dem personalwirtschaftlichen Bereich.

25. Welche Variablen enthält folgende Hypothese: "Sofern sich eine Arbeitsgruppe mit den Zielen des Unternehmens identifiziert, gilt: Je höher der Zusammenhalt (die Kohäsion) der Arbeitsgruppe, desto höher die Leistung." Um welchen Typ von Variable handelt es sich jeweils?

5.2 Querschnitt- und Längsschnittanalyse

Die Unterscheidung zwischen Quer- und Längsschnittuntersuchungen bezieht sich auf die Anzahl der Zeitpunkte, zu denen die Daten erhoben werden. Bei den meisten Untersuchungen handelt es sich um *Querschnittanalysen*, d.h. es werden zu einem bestimmten Zeitpunkt oder innerhalb einer kurzen Zeitspanne einmalig Daten erhoben. *Längsschnittanalysen* hingegen sind darauf ausgerichtet, Entwicklungsprozesse zu erfassen. Dieselben Variablen mit derselben Operationalisierung werden zu verschiedenen Zeitpunkten erfasst. Innerhalb der Längsschnittanalysen wird ferner danach unterschieden, ob bei den verschiedenen Erhebungszeitpunkten die gleichen Untersuchungsobjekte erfasst werden oder jedes Mal eine neue Stichprobe gezogen wird. Im ersten Fall spricht man von *Paneldesigns*, im zweiten von *Trenddesigns*.

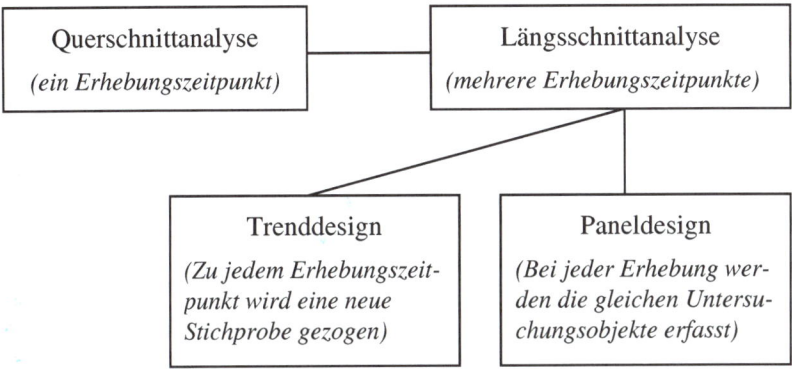

Übersicht 13: Querschnitt- und Längsschnittanalyse

Zwischen den Formen der Datengewinnung besteht eine Informationshierarchie (vgl. Diekmann 2003: 269): Die umfangreichsten Informationen erhält man durch Paneluntersuchungen, da hier zeitliche Entwicklungen einzelnen Personen bzw. Untersuchungsobjekten zugerechnet werden können, während sich beim Trenddesign nur Kennziffern vergleichen lassen (Mittelwerte, prozentuale Verteilungen, Quoten usw.), die sich auf ein bestimmtes Aggregat beziehen, z.B. auf die befragten Personen einer bestimmten Abteilung. Je nach Fragestellung genügt dies jedoch nicht. Nehmen wir zur Illustration dieser Problematik an, mit dem Personalinformationssystem eines Unternehmens würden Verbesserungsvorschläge verschiedener Abteilungen regelmäßig erfasst. Zudem enthielte das System Daten über die Betriebszugehörigkeit aller beschäftigen Personen. Interessiert uns nun die Frage, ob die Wahrscheinlichkeit, dass Verbesserungsvorschläge eingereicht werden, mit zunehmender Betriebszugehörigkeit der Mitarbeiter steigt, so kann lediglich der Zusammenhang zwischen der Quote der Verbesserungsvorschläge pro Abteilung und der durchschnittlichen Betriebszugehörigkeit der Mitarbeiter dieser Abteilung untersucht werden. Wenn die Verbesserungsvorschläge nicht den einzelnen Mitarbeitern zuzurechnen ist, müssen wir bei der Auswertung und Interpretation berücksichtigen, dass wir es mit einem Trenddesign zu tun haben. Wir können in diesem Fall nichts über den Zusammenhang zwischen der individuellen Betriebszugehörigkeitsdauer und Abgabe eines Verbesserungsvorschlags sagen. Es ist also nicht auszuschließen, dass in Abteilungen mit einer hohen durchschnittlichen Betriebszugehörigkeitsdauer, in denen zudem die Quote der Verbesserungsvorschläge höher liegt, die Vorschläge von den erst seit kurzem beschäftigten Mitarbeitern kommen. Streng genommen benötigen wir ein Paneldesign, d.h. wir müssen Daten auf Individualebene erfassen; also die Mitarbeiter persönlich erfassen, die einen Vorschlag in das Unternehmen einbringen. Das heißt aber auch, dass wir dieselben Mitarbeiter sozusagen *mehrmals* „befragen" müssten.

Aus Paneldaten lassen sich jederzeit aggregierte Trenddaten reproduzieren, umgekehrt aus Trenddaten selbstverständlich keine Paneldaten. Längsschnittstudien können als wiederholte Querschnittstudien aufgefasst werden.

Wie bereits angeführt, handelt es sich bei der Mehrzahl empirischer Untersuchungen um Querschnittanalysen. Speziell Mitarbeiterbefragungen, wie Erhebungen zum Führungsstil, zur Messung der Arbeitszufriedenheit oder 360-Grad-Beurteilungen, werden wegen des hohen Aufwandes (Freistellung der Mitarbeiter, Auswertung der Fragebögen usw.) oft nur einmalig erhoben. Um zeitliche Abfolgen zu erfassen, werden bei solchen Studien mitunter Retrospektivfragen erhoben, bei denen die Befragten über Sachverhalte Auskunft geben müssen, die in der Vergangenheit liegen (z.B. „Wie viele Weiterbildungsangebote haben Sie im vergangenen Jahr wahrgenommen?"). Bei einer Vielzahl von Fragestellungen reicht dies jedoch nicht aus. So erfordern Personalbeurteilungssysteme, mit denen die Entwicklung des Potenzials einzelner Mitarbeiter erfasst werden sollen, die kontinuierliche personenbezogene Datenerhebung. Auch zur überbetrieblichen Analyse der Verbreitung bestimmter personalwirtschaftlicher Instrumente und Strategien oder zum Wandel der Personalarbeit wären Paneluntersuchungen wünschenswert. Ein echtes Panel, das überbetrieblich personalwirtschaftlich relevante Informationen erfasst, ist das Betriebspanel des Instituts für Arbeitsmarkt und Berufsforschung, bei dem vor allem Daten zur Personalstruktur ausgewählter Betriebe erhoben werden.

26. In der Personalstatistik werden regelmäßig Leistungskennziffern sowie Fehlzeiten und andere personenbezogene Daten festgehalten. Worum handelt es sich – Querschnittanalyse, Panel- oder Trenddesign?

27. Wie würde es sich verhalten, wenn die Daten nicht personenbezogen, sondern pro Kostenstelle ermittelt würden?

5.3   Experimentelle und Quasi-experimentelle Designs

Bei der folgenden Unterscheidung von Untersuchungsdesigns wird danach differenziert, ob und auf welche Weise die Varianz der Daten sichergestellt wird, d.h. ob und wie dafür Sorge getragen wird, dass in den relevanten Variablen alle Merkmalsausprägungen empirisch vorkommen. Die Varianz in den unabhängigen Variablen ist zwingend erforderlich, um kausale Zusammenhänge analysieren zu können. Zudem ist zu beachten, dass je nachdem, wie die Unterschiede in den Variablen zustande gekommen sind, z.B. durch die Auswahl problematischer Fälle, die Zusammenhänge verfälscht werden können. Gemeinsam ist diesen Designvarianten, dass eine bewusste Veränderung durch den Forscher vorgenommen wird, deren Wirkung zu untersuchen ist. Man unterscheidet zwischen der *Experimentalgruppe*, die von der Veränderung betroffen ist, und der *Kontrollgruppe*, d.h. der Personengruppe, bei der die Veränderung nicht vorgenommen wird. Man differenziert zwischen unterschiedlichen Designvarianten, und zwar in Abhängigkeit davon, wie die Experimentalgruppen zusammengesetzt werden und ob man überhaupt Vergleichsgruppen bildet. Meist untersucht man die Wirkungen von sehr wenigen Variablen, oft konzentriert man sich auf nur einen einzigen Einflussfaktor. Dieser vermutliche Einflussfaktor – die unabhängige Variable – wird im Experiment manipuliert; man bezeichnet diese Manipulation als Treatment. Untersucht wird, welche Wirkungen dieses Treatment auf eine abhängige Variable hat.

Im Folgenden sollen die verschiedenen Formen des Experimentellen Designs am Beispiel der Evaluation einer Personalentwicklungsmaßnahme verdeutlicht werden.

Die Weiterbildungsmaßnahme wird als situative Veränderung interpretiert und stellt somit die unabhängige Variable dar. Als abhängige Variable betrachten wir das Ausmaß der Realisierung der Weiterbildungsziele. Wichtig bei Evaluationsstudien ist es, die Ziele der Interventionsprogramme exakt zu formulieren und zu operationalisieren (siehe hierzu Kapitel 4.1). Das Treatment und somit die unabhängige Variable ist die Teilnahme an der Weiterbildungsmaßnahme (Variable mit dichotomer Ausprägung: Teilnahme ja/nein), die abhängige Variable – und somit das Ziel der Schulung – soll die Reduzierung der Fehlerhäufigkeit bei der Lagerbestandsverwaltung sein.

Evaluation einer Schulungsmaßnahme

Ein Unternehmen, die Stern AG, hat beschlossen, ein neues Informationssystem anzuschaffen. Zunächst soll es in der Lagerverwaltung erprobt werden. Der Anbieter der Software schlägt eine Einführung in das Programm durch eigenes Schulungspersonal vor. Ziel der Maßnahme ist es, die Mitarbeiter in die Lage zu versetzen, einen reibungslosen Ablauf der Erfassung und Verwaltung von Lagerbeständen zu realisieren. Da die Schulung neben der Anschaffung Software hohe Kosten beinhaltet und eine langfristige Zusammenarbeit mit dem Softwareunternehmen in Erwägung gezogen wird, soll die Effektivität der angebotenen Schulungsmaßnahme evaluiert werden.

In Übersicht 14 haben wir unterschiedliche Designvarianten zusammengestellt. Wir erläutern diese Varianten nun nacheinander, wobei wir mit vergleichsweise einfachen, nur unzureichende Informationen liefernden Untersuchungsdesigns beginnen und schrittweise zu komplexeren, aussageträchtigeren Formen übergehen.

Vorexperimentelles Design

Das Vorexperimentelle Design ist zur Evaluation eigentlich ungeeignet, da keine Kontrollgruppe existiert. In unserem Beispiel könnte das bedeuten, dass alle betroffenen Mitarbeiter an der Schulung teilnehmen und nach der Schulung untersucht wird, wie hoch die Fehlerhäufigkeit ist. Die Leistung wird als zufrieden stellend beurteilt, und der Erfolg der Maßnahme gilt als gegeben. Da jedoch Vergleichsdaten fehlen, ist nicht ersichtlich, ob die Leistung sich verbessert hat bzw. ob vor der Schulung bereits genauso wenig Fehler gemacht wurden. Aber auch wenn die Leistung vor und nach der Schulung ermittelt wird und sich zeigt, dass eine Leistungsverbesserung eingetreten ist, kann nicht ausgeschlossen werden, dass die Fehlerhäufigkeit mit der Zeit auch ohne Schulung gesunken wäre (z.B. durch die wachsende Erfahrung mit dem neuen Programm). Es wäre möglich, dass die Weiterbildungsmaßnahme selbst nur einen sehr geringen Beitrag zur Verbesserung des Umgangs mit dem Programm leistet, weil das Schulungspersonal keinerlei anwendungsorientierte Beispiele bringt oder so viel „Fachchinesisch" benutzt, dass der Lerninhalt nicht verstanden wird. Nun ließe sich einwenden: „Es ist doch unwichtig, worin die Ursache für die Leistungssteigerung liegt, hauptsache, die Leistung wird verbessert." Wir wollen an dem Beispiel aber verdeutlichen, dass eine solche Auffassung zu massiven *praktischen* Problemen führen kann. Gleichzeitig wollen wir zeigen, welche Schwierigkeiten sich ergeben, wenn der Erfolg einer personalwirtschaftlichen Intervention systematisch untersucht werden soll.

Quasi-experimentelles Design

Das Vorexperimentelle Design zeichnet sich, wie oben dargelegt, dadurch aus, dass keine Kontrollgruppe betrachtet wird. Wir untersuchen nur Personen, die dem Treatment, sprich der EDV-Schulung, „ausgesetzt" sind. Mit der Sprache des Empirikers würden wir sagen: „Wir haben beim Vorexperimentellen Design keine Varianz in der unabhängigen Variable." Diese hat zwei Ausprägungen: „Teilnahme an der Schulungsmaßnahme: ja" und „Teilnahme: nein". Sofern die Schulung effektiv ist, sollten sich systematische Unterschiede zwischen denen erkennen lassen, die teilgenommen haben und denen, die nicht teilgenommen haben. Im Vorexperimentellen Design erfassen wir den Zustand „Teilnahme: nein" jedoch nicht.

Das Quasi-experimentelle Design sieht hingegen eine Kontrollgruppe vor. Wir könnten die Schulung nur für die interessierten Mitarbeiter und nicht für alle anbieten, um so zwischen Schulungsteilnehmern und Nichtteilnehmern unterscheiden zu können. Aber auch hier ergeben sich Probleme. Vielleicht melden sich nur die Mitarbeiter, die der Schulung dringend bedürfen. Diejenigen, die nicht teilnehmen, kennen das Programm bereits, weil sie in einem anderen Zusammenhang schon damit gearbeitet haben, oder sie besitzen sonstige Vorkenntnisse.

Design-Typ	Beobachtung (o) Treatment (x) Randomisierung (R)	Beispiel	Probleme
Vorexperimentell *ohne Vorher-Nachher-Messung*	x o	Mitarbeiter, die an einer EDV-Schulung teilgenommen haben, erbringen überwiegend zufriedenstellende Leistungen im Umgang mit dem entsprechenden EDV-Programm.	1. Es ist unklar, wie hoch die Leistung bereits vor der Schulung war. 2. Ergibt sich eine Leistungssteigerung auch ohne Schulung? *(Zeiteffekte, Reifungsprozesse: learning by doing)*
Vorexperimentell *mit Vorher-Nachher-Messung*	o1 x o2	Nach der EDV-Schulung ist die Handhabung des Programms verbessert worden.	3. Ergibt sich eine Leistungssteigerung auch ohne Schulung?
Quasi-experimentell *ohne Randomisierung ohne Vorher-Nachher-Messung*	x o o	Mitarbeiter, die sich entschieden haben, an der Schulung teilzunehmen, können die Software besser bedienen als diejenigen, die nicht an der Maßnahme teilgenommen haben.	4. Welche systematischen Gründe verbergen sich hinter der Teilnahmeentscheidung und haben diese einen Einfluss auf die Leistung? *(verzerrte Auswahl: Vorkenntnisse, Leistungsbereitschaft)*

Design-Typ	Beobachtung (o) Treatment (x) Randomisierung (R)		Beispiel	Probleme
Experimentell *mit Randomisierung* *ohne Vorher-Nachher-Messung*	R/ R/	x o o	Mitarbeiter, die an der Schulung teilgenommen haben, können die Software besser bedienen als diejenigen, die nicht an der Maßnahme teilgenommen haben. *(Personenbezogene Drittvariablen werden durch die Randomisierung neutralisiert.)*	5. Führt die Nicht-Zuweisung zur Schulungsmaßnahme zu Unzufriedenheit, die sich in Leistungsreduzierung äußert? *(Messeffekte)*
Experimentell *mit Randomisierung* *mit Vorher-Nachher-Messung*	R/o1 R/o3	x o2 o4	Mitarbeiter, die an der Schulung teilgenommen haben, können besser die Software bedienen als diejenigen, die nicht an der Maßnahme teilgenommen haben. Die Leistung derer, die an der Schulung teilgenommen haben, ist danach höher als zuvor. Bei den Mitarbeitern, die nicht geschult wurden, ergibt sich keine Veränderung.	Problem 5 ist behoben, weil man weiß, dass o_3 gleich o_4. 6. Beeinflusst die erste Messung die zweite? *(Messeffekt bzw. Pretest-Effekt)*
Solomon-Vier-Gruppen-Design	R/o1 R/o3 R/ R/	x o2 o4 x o5 o6		Problem 6 behoben, da bei Gruppe 3 und 4 keine erste Messung stattfindet.

Übersicht 14: Überblick über die Designvarianten

In diesem Fall würden wir keinen großen Unterschied zwischen den Teilnehmern und Nichtteilnehmern erkennen können, auch wenn die Schulung effektiv war. (Wenn eine Vorher-Nachher-Messung durchgeführt würde, ließen sich allerdings bei der Gruppe der teilnehmenden Mitarbeitern – vorausgesetzt, die Schulung war erfolgreich – Veränderungen erkennen.) Es ist aber auch möglich, dass nur die besonders motivierten Mitarbeiter die Schulung absolvieren, bzw. diejenigen, die sich auch sonst durch höhere Leistung auszeichnen. Hier ließe sich der Unterschied in der Fehlerhäufigkeit auf die unterschiedliche Leistungsmotivation zurückführen – z.B. darauf, dass sich die Mitarbeiter, weil die Schulung vielleicht nicht zweckdienlich ist, eigenständig außerhalb der Arbeitszeit in das Programm einarbeiten. Im Extremfall könnte es sein, dass die EDV-Schulung trotz feststellbarer Unterschiede zwischen Experimental- und Kontrollgruppe faktisch keinerlei Beitrag zur Verringerung der Bedienungsfehler leistet (Scheinkorrelation). Die verschiedenen beschriebenen Effekte entstehen, wenn die Gründe für die Zusammensetzung der Experimental- und Kontrollgruppe (bei uns: Kenntnisse des Programms oder Leistungsmotivation) ebenfalls einen Einfluss auf die abhängige Variable (bei uns: Fehlerhäufigkeit) nehmen.

Experimentelles Design

Im Fall des Quasi-experimentellen Designs ergibt sich die Zusammensetzung der Gruppen also aus Gegebenheiten, die man nicht ohne weiteres kontrollieren kann. Dies ist im betrieblichen Kontext aus pragmatischen Gründen sicherlich der Normalfall. In unserem Beispiel ergab sich die Struktur der Untersuchungsgruppen aus den Teilnahmeentscheidungen der Mitarbeiter. Vergleichsbasis können z.B. auch mehrere Abteilungen sein oder Mitarbeiter, die Gruppenarbeit leisten, in Abgrenzung zu solchen, die nicht in diese Arbeitsorganisationsform eingebunden sind usw. Beim Experimentellen Design wird anders als im Quasi-experimentellen Design – die Zusammensetzung der beiden Gruppen durch Parallelisierung oder Randomisierung bewusst gestaltet, um die oben beschriebenen Effekte zu kontrollieren. Bei der *Parallelisierung* wird jeder Person in der Experimentalgruppe eine in Bezug auf relevante Merkmale vergleichbare Person in der Kontrollgruppe zugeordnet (Matched Samples). Da hierzu aber *alle* möglichen Störgrößen (Vorkenntnisse über das Programm, Leistungsmotivation, ...) antizipiert werden müssten, was mitunter schwierig ist, wird in den meisten Fällen das Prinzip der *Randomisierung* angewandt. Diese bedeutet, dass die Personen den Untersuchungsgruppen per Zufall zugewiesen werden. Diesem Prinzip liegt der Gedanke zugrunde, dass sich die Besonderheiten von Personen in der einen Gruppe durch die Besonderheiten derer in der anderen Gruppe ausgleichen (vgl. Bortz/Döring 2002: 117), da bei einer Zufallsauswahl für jede Person die gleiche Wahrscheinlichkeit besteht, der einen oder der anderen Gruppe zugewiesen zu werden. Mit der Randomisierung kann somit versucht werden, auch nicht bekannte Drittvariablen zu neutralisieren.

Nun wäre aber noch denkbar, dass die Mitarbeiter, die nicht an der Schulungsmaßnahme teilnehmen dürfen, sich benachteiligt fühlen und daraufhin mit Leistungszurückhaltung reagieren. Um auch diesen Effekt ausschließen zu können, sollten vor und nach der experimentellen Einwirkung Daten erhoben werden. Bei der Kontrollgruppe dürften sich dann nach der Schulung keine Leistungsunterschiede ergeben.

Solomon-Vier-Gruppen-Design

Bei dem Experimentellen Design mit Vorher-Nachher-Messung kann wiederum das Problem auftreten, dass die erste Messung (der Pretest) bereits das Verhalten bei der zweiten Messung beeinflusst. Würde die Beherrschung des neu eingeführten Programms dadurch zu erfassen versucht, die Mitarbeiter bestimmte vorgegebene Aufgaben lösen zu lassen, ist es wahrscheinlich, dass bei der zweiten Durchführung desselben Tests aufgrund von Lernprozessen weniger Fehler gemacht werden. Dieser Effekt kann kontrolliert werden, indem man Experimental- und Kontrollgruppe jeweils unterteilt: Bei der einen Hälfte erfolgt eine vorherige Leistungsmessung, bei der anderen Hälfte nicht. Auf diese Weise untersuchen wir vier Gruppen und können den Effekt der Maßnahme bestimmen. Man spricht hier von Solomon-Vier-Gruppen-Design oder Solomon-Vier-Gruppen-Plan.

Wie wir sehen, können die Designs immer ausgefeilter konzipiert werden. Auch bei dem sehr kompliziert anmutenden Solomon-Design werden nicht unbedingt alle Effekte kontrolliert. Verzerrende Effekte könnten sich ferner dadurch ergeben, dass die untersuchten Personen wissen, dass ihre Leistung getestet wird. Vielleicht geben sich die Mitarbeiter im Bewusstsein der Testsituation mehr Mühe (Hawthorne-Effekt). Auch hierfür ließen sich wieder Lösungen finden. Das Design der Untersuchung wird jedoch immer komplizierter, je mehr Effekte wir kontrollieren wollen. Zusammenfassend lassen sich folgende Formen verzerrender Effekte systematisieren (vgl. Schnell/ Hill/Esser 1999: 207ff.):

- Einflüsse des zwischenzeitlichen Geschehens (Zeiteffekte),
- Reifungsprozesse der Probanden,
- Messeffekte und
- Effekte aufgrund verzerrter Auswahl und Ausfällen.

Wie detailliert die Evaluation einer personalwirtschaftlichen Maßnahme durchgeführt werden sollte, gilt es jeweils von Fall zu Fall abzuwägen. Die Kosten, die durch ein aufwendiges Design entstehen, sind dem Nutzen gegenüberzustellen, den die Information über die Güte der Maßnahme mit sich bringen. Als Daumenregel kann gelten: Je häufiger die personalwirtschaftliche Maßnahme eingesetzt werden soll und je größer ihre Bedeutung ist, desto mehr empfiehlt sich eine aufwendigere Evaluation. In vielen Fällen wird bei der betrieblichen Personalforschung auf Quasi-experimentelle Designs zurückgegriffen, denn meist ist es auch nicht sinnvoll, bestehende Strukturen zu verändern, nur um zufällig zusammengesetzte Experimental- und Kontrollgruppen zu gewährleisten und so die Güte der Untersuchung zu steigern. Eine andere, durchaus sinnvolle Strategie der Weiterbildungsevaluation ist, Mitarbeiter die Schulung im Nachhinein – z.B. mit einem Fragebogen oder in einem offenen Interview – beurteilen zu lassen (ein vergleichbares Beispiel, bei dem es um die Evaluation eines Fortbildungslehrgangs zum Projektmanagement geht, wird weiter unten eingeführt).

Verständnisfragen:

28. Was ist der Unterschied zwischen einem Quasi-experimentellen und einem Experimentellen Design?

29. Warum wird das Experimentelle Design (mit Vorher-Nachher-Messung) als bestgeeignet zur Erfassung von Kausalität bezeichnet?

5.4 Andere Untersuchungsformen

Primär- und Sekundäranalyse

Im Beispiel der Weiterbildungsevaluation wird ein ganz spezifisches Erkenntnisinteresse verfolgt, das sich zudem auf eine besondere Personengruppe bezieht. Wenn der Informationsbedarf nicht derartig speziell ist, kann es ausreichen, auf bereits erhobene Daten zurückzugreifen und diese vor dem Hintergrund einer Fragestellung zu analysieren, die bei Erhebung der Daten möglicherweise gar keine Rolle gespielt hat. In diesem Fall spricht man von einer *Sekundäranalyse.* Werden die Daten hingegen erstmalig zu einem ganz bestimmten Zweck erhoben und bezogen auf genau diese Frage ausgewertet, nennt man dies *Primäranalyse.*

Datenquellen für Sekundäranalysen sind beispielsweise amtliche Statistiken, Daten von Krankenkassen, Behörden oder Versicherungen. Vor allem zu Vergleichszwecken können solche Daten wichtig sein. Im Fehlzeitenbeispiel der Firma Allesmann brauchten wir einen Anhaltspunkt dafür, ob die Fehlzeiten im Unternehmen über dem Durchschnitt der Branche liegen. Solche Informationen können z.B. über die entsprechenden Wirtschafts- oder Unternehmensverbände beschafft werden. Es stehen natürlich auch innerbetriebliche Datenbestände zur Beantwortung spezieller Fragen zur Verfügung, z.B. Daten aus bereits durchgeführten Befragungen, aus der Kosten- und Leistungsrechnung, dem Controlling, den Personalstammdaten oder ggf. existierenden Personalinformationssystemen.

Gelegentlich ergeben sich Probleme bei der Sekundäranalyse, da bedarfsgerechtes Material nicht zur Verfügung steht. Die in der Primärstudie verfolgten Fragestellungen weichen häufig so stark vom aktuellen Erkenntnisinteresse ab, dass die Daten nutzlos sind, oder es ergeben sich Schwierigkeiten, da die Informationen nur in aggregierter Form vorliegen – z.B. branchenbezogen – wir aber unternehmensbezogene Daten benötigen.

Einzelfallstudie

Wie das Wort schon sagt, wird bei *Einzelfallstudien* immer nur ein spezieller Fall betrachtet. Untersuchungsgegenstand können Personen, Gruppen, Unternehmen bzw. Organisationen, aber auch Gesellschaften und Kulturen sein. Häufig stellen Praktiker in Fachzeitschriften oder Sammelbänden bestimmte, im eigenen Unternehmen angewandte und als innovativ geltende Instrumente vor. Zweck solcher Fallstudien kann es sein, Verfahren publik zu machen und Anregungen für die Personalpolitik anderer Unternehmen zu geben. Zudem können sie als Lernhilfe für die akademische Ausbildung dienen.

Nach der Beschäftigung mit den experimentellen Designvarianten wird es dem Leser nicht schwer fallen, die Problematik solcher Einzelfallstudien zu erkennen: Es fehlt die Varianz in den Variablen, und es ist daher schwer, die Ergebnisse der Einzelfallstudie zu verallgemeinern oder systematisch die Richtigkeit der unterstellten Zusammenhänge zu prüfen. Beispielsweise ist es problematisch, ohne Beachtung der situativen Bedingungen, vom generellen Erfolg eines propagierten personalwirtschaftlichen Instruments auszugehen. Trotzdem spricht einiges für Einzelfallstudien: Es kann sein, dass der uns interessierende Fall äußerst selten ist, vielleicht verwendet ein Unternehmen ein neues, spezielles Anreizsystem oder Personalbeurteilungsverfahren, das uns interessiert. Die ersten Untersuchungen zu Telearbeit oder Gruppenarbeit waren im Grunde genommen auch Einzelfallstudien.

Häufig ist es zudem sinnvoll, vor großzahligen Untersuchungen Einzelfallstudien durchzuführen, um ein „Gefühl" für das Forschungsfeld und seine Besonderheiten zu bekommen. Nach dieser Analyse kann daraufhin besser beurteilt werden, worauf es z.B. bei der Entwicklung eines Fragebogens ankommt, etwa ob man bestimmte Fachbegriffe richtig verwendet.

Außer als Vorstudie für großzahlige Untersuchungen ist die Einzelfallstudie geeignet, äußerst komplexe Phänomene tief gehender zu analysieren. Ein Beispiel: Wenn man wissen will, wie Entscheidungen über Weiterbildungsmaßnahmen in Unternehmen getroffen werden und warum die Prozesse in dieser Art und Weise verlaufen, muss man jede einzelne Entscheidung im Unternehmen in Verbindung mit dem spezifischen Kontext erheben. So ist es notwendig, die Machtverteilung möglichst genau zu kennen, die Problemdeutungen der beteiligten Akteure usw. (vgl. Weber u.a. 1994). Man muss Entscheidungsprozesse rekonstruieren, sie wie ein Historiker oder Detektiv zurückverfolgen, und Ursachen für bestimmte

Wendungen im Prozess suchen usw. Dies ist nicht in großzahligen, schriftlichen Befragungen möglich, sondern besser über die detaillierte Analyse einzelner Fälle mit Hilfe mehrerer Untersuchungsmethoden, wie z.B. Beobachtung oder informelle Gespräche.

6 Auswahlverfahren

Sie erinnern sich? Herr Huber, der Assistent der Personalleiterin Frau Meyner bei der Allesmann AG, sollte den Problemen der reduzierten Arbeitsleistung, der häufigen Kündigungen und der allgemeinen Arbeitsunzufriedenheit in einigen gewerblichen Abteilungen nachgehen. Nachdem er sich entschieden hat, eine schriftliche Befragung durchzuführen, stand er vor der Schwierigkeit, festlegen zu müssen, welche Personen er sinnvollerweise befragen soll. Er entschied sich, nicht alle Mitarbeiter des Unternehmens zu befragen, sondern nur die einiger ausgewählter Kostenstellen. Hat er die richtige Entscheidung getroffen? Bei jeder Informationsbeschaffung stellen sich Auswahlprobleme, die mit denen von Herrn Huber vergleichbar sind: Wie viele und welche Informationsquellen sind zu berücksichtigen? Ist es nicht in jedem Fall besser, alle beschaffbaren Informationen heranzuziehen, oder können wir uns mit Stichproben begnügen? Reichen die Informationen, die uns zur Verfügung stehen, aus, um generelle Schlüsse ziehen zu können? Um richtige Auswahlentscheidungen treffen zu können, beschäftigen wir uns im Folgenden mit verschiedenen Prinzipien, nach denen Elemente aus einer Gesamtheit von Untersuchungsobjekten ausgesucht werden können: mit Auswahlverfahren. Des weiteren gehen wir am Ende dieses Kapitels auf den mit Auswahlproblemen zusammenhängenden Begriff der Repräsentativität ein.

Grundgesamtheit:	Alle Elemente/Personen, über die Aussagen getroffen werden sollen – bzw. auf die sich die Erkenntnisse der Untersuchung beziehen sollen
Teilgesamtheit bzw. Stichprobe:	Die ausgewählten Elemente der Grundgesamtheit, die herangezogen werden, um Aussagen über die Grundgesamtheit zu treffen.
Auswahlverfahren:	Vorgehensweise bei der Konstruktion von Stichproben bzw. Teilgesamtheiten

Übersicht 15: Definitionen wichtiger Begriffe im Zusammenhang mit Auswahlverfahren

6.1 Grundgesamtheit

Eine Auswahlentscheidung setzt voraus, dass man zunächst einmal festlegt, auf was sich die Untersuchung und die daraus gewonnenen Schlussfolgerungen beziehen sollen. Mit anderen Worten: Wir müssen den Objektbereich oder die *Grundgesamtheit* unserer Erhebung bestimmen.

Welches ist in unserem fiktiven Fallbeispiel die Grundgesamtheit? Sollen beispielsweise Aussagen über alle Mitarbeiter des Unternehmens gewonnen werden oder nur über die gewerblichen oder die, die in Gruppenarbeit tätig sind? Vielleicht interessieren ja auch nur die Arbeitskräfte eines bestimmten Produktionsbereiches oder bestimmter Kostenstellen.

Nehmen wir für die folgende Illustration an, dass die Gruppenarbeit Kostenstellen übergreifend im gewerblichen Bereich eingeführt wurde, allerdings nur bei wenigen, hierfür geeigneten Arbeitsabläufen. Die Unzufriedenheit, die Herr Huber als Ursache für die hohe Fluktuation und die schlechtere Arbeitsleistung ansieht, hat sich erst nach der Einführung der Gruppenarbeit und der Krankenbesuche eingestellt. Wir haben gelernt: Wenn der Einfluss der Variation der Arbeitsorganisation auf die Zufriedenheit betrachtet werden soll, muss Varianz in den unabhängigen Variablen bestehen, also zwischen Gruppenarbeit und Fließfertigung differenziert werden können. In diesem Fall ist es sinnvoll, den gesamten gewerblichen Bereich als Grundgesamtheit anzusehen. Interessiert sich Herr Huber aber nicht für den Zusammenhang zwischen Gruppenarbeit und Zufriedenheit, sondern für den zwischen Zufriedenheit, Leistung und Fluktuation generell, könnten auch die kaufmännischen Mitarbeiter von Interesse sein. Die Grundgesamtheit bestünde dann aus allen Mitarbeitern des Unternehmens. Wie ist es aber mit den Führungskräften? Ist deren Verhalten in diesem Zusammenhang auch von Interesse, oder werden sie von der Analyse ausgeschlossen, da für sie andere Verhaltensmuster angenommen werden? Eine weitere Möglichkeit wäre, als Grundgesamtheit alle unzufriedenen Mitarbeiter aufzufassen. Hier ergäben sich jedoch Probleme bei der Auswahl der zu befragenden Personen, da wir nicht wissen, wer die Unzufriedenen sind.

Wie wir sehen, ist die Grundgesamtheit nicht ohne die Konkretisierung des Informationsbedarfes festzulegen. Herr Huber entschließt sich, dass sich seine Untersuchung auf den gesamten gewerblichen Bereich der

Allesmann AG beziehen soll. Etwas konkreter: Zur Grundgesamtheit der Untersuchung gehören alle Mitarbeiter, die zum Zeitpunkt der Befragung einen festen Arbeitsvertrag mit der Firma Allesmann haben und im gewerblichen Bereich des Unternehmens tätig sind.

6.2 Stichprobengenerierung

Mit der Entscheidung über die Grundgesamtheit ist lediglich festegelegt, auf welche Personengruppe sich die Ergebnisse der Untersuchung beziehen. Die zu befragenden Mitarbeiter müssen noch bestimmt werden. Übersicht 16 gibt einen Überblick über hier behandelte Prinzipien der Stichprobengenerierung bzw. Auswahlverfahren.

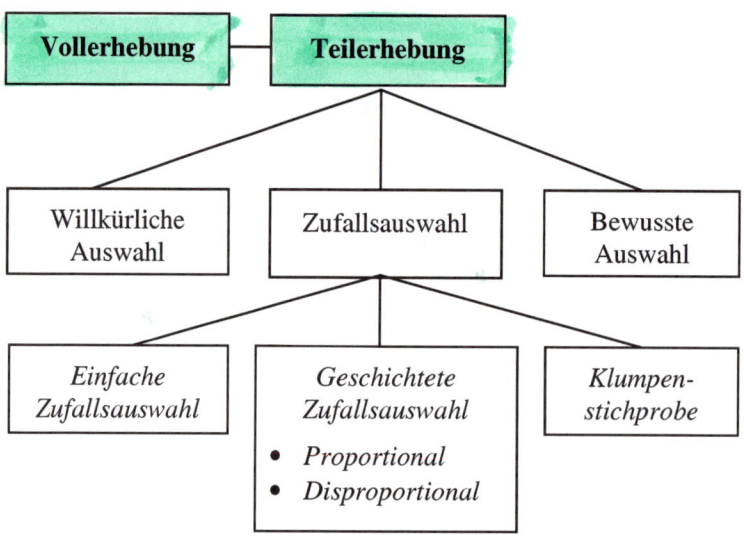

Übersicht 16: Auswahlverfahren (ähnlich Schnell/Hill/Esser 1999: 249ff.)

Die erste Frage, die sich in diesem Zusammenhang stellt, ist, ob wir die gesamte Grundgesamtheit erfassen, also eine *Vollerhebung* durchführen wollen, oder uns mit einem Ausschnitt aus der Grundgesamtheit begnügen können. Es sprechen durchaus einige Gründe, vor allem finanzielle und zeitliche, für eine Teilerhebung: Bei einem begrenzten finanziellen Budget können Stichprobenuntersuchungen (vor allem auf der Zufallsauswahl beruhend) genauer sein als Vollerhebungen, weil hier die

76

Bedingungen der Untersuchung besser kontrolliert werden können (vgl. Schnell/Hill/Esser 1999: 251). Da Vollerhebungen zeitlich aufwendiger und damit auch teurer als Teilerhebungen sind, kann es sinnvoll sein, die zusätzlichen Kosten einer Vollerhebung lieber für die detailliertere Analyse der durch die Teilerhebung gewonnenen Daten zu verwenden (vgl. Bortz/ Döring 2002: 398). Sofern die Zusammensetzung der Grundgesamtheit unbekannt ist, besteht letztlich keine Alternative zur Teilerhebung.

In unserem Beispiel hat sich Herr Huber bereits für eine *Teilerhebung* entschieden; es sollen nicht alle gewerblichen Mitarbeiter befragt werden. Nun ist zu überlegen, ob die Auswahl nach bestimmten, systematischen Regeln erfolgen soll. Werden keine solchen Regeln bestimmt, handelt es sich um eine *willkürliche Auswahl* (vgl. Schnell/Hill/Esser 1999: S. 277f.). Würde Herr Huber beispielsweise an einem Tag in der Kantine Fragebögen verteilen oder den betriebsinternen Gesangsverein als Informationsgrundlage heranziehen, hätte er eine willkürliche Auswahl getroffen. Die Beispiele zeigen bereits, dass dieses Auswahlverfahren nicht angewandt werden sollte, wenn man aussagekräftige, verallgemeinerbare Ergebnisse erhalten möchte. Die Gefahr ist zu groß, dass relevante Personen gar nicht erfasst werden oder die erfassten Personen gar nicht der Grundgesamtheit angehören: Manche Abteilungen essen vielleicht nie in der Kantine, im Gesangsverein sind eventuell noch viele Ehemalige.

Bei den Verfahren, bei denen bestimmte, systematische Regeln zugrunde liegen, wird zwischen der Auswahl nach dem Zufallsprinzip und einer bewussten, auf plausiblen, nachvollziehbaren Überlegungen basierenden Selektion der Untersuchungseinheiten unterschieden. Befassen wir uns als erstes mit der Zufallsauswahl (Statistiker bezeichnen übrigens eine Teilgesamtheit nur dann als Stichprobe, wenn diese aufgrund der Zufallsauswahl zustande kommt – wir benutzen dagegen die Begriffe synonym).

Hat jedes Element der Grundgesamtheit eine bekannte, von Null verschiedene Wahrscheinlichkeit, in die Stichprobe aufgenommen zu werden, so handelt es sich um eine *Zufallsauswahl oder Wahrscheinlichkeitsauswahl* (vgl. Diekmann 2003: S. 330). Damit eine Zufallsauswahl getroffen werden kann, ist es notwendig, alle Elemente der Grundgesamtheit zu kennen und erreichen zu können. Für Herrn Huber ist dies kein Problem, da er sich auf der Basis der Personalstammdaten eine Liste aller im Unternehmen beschäftigten Personen erstellen lässt.

Bei der *einfachen Zufallsauswahl*, einer von mehreren Formen der Zufallsauswahl, hat jedes Element der Grundgesamtheit genau dieselbe, von Null verschiedene, Wahrscheinlichkeit der Aufnahme in die Stichprobe; zudem muss die Selektion in einem einstufigen Auswahlvorgang erfolgen (vgl. Diekmann 2003: S. 330). Um eine einfache Zufallsstichprobe der gewerblichen Mitarbeiter der Allesmann AG zu ziehen, kann beispielsweise allen fraglichen Personen eine Nummer zugeordnet werden. Für jede wird ein Los angefertigt, die Lose werden hinreichend gemischt und die gewünschte Anzahl gezogen. Etwas einfacher geht es auch, indem die Personalnummern der zu befragenden Mitarbeiter per Computer durch einen entsprechenden Auswahlalgorithmus ermittelt werden. Überlegen müssen wir auch noch, wie groß der Anteil der Teilgesamtheit (Stichprobe) relativ zur Grundgesamtheit sein soll. Nehmen wir an, wir wollen 40 Prozent der Grundgesamtheit befragen. Unter der Bedingung der Zufallsauswahl bestünde dann für jeden Mitarbeiter aus der Grundgesamtheit eine Wahrscheinlichkeit von p = 0,4, in die Stichprobe aufgenommen zu werden.

Bei der *geschichteten Zufallsauswahl* oder der *Klumpenstichprobe* wird jedes Element der Grundgesamtheit in systematische, sich gegenseitig ausschließende Untergruppen aufgeteilt, deren Zusammensetzung die Wahrscheinlichkeit der Aufnahme in die Stichprobe determiniert. Ein mögliches Kriterium für die Untergliederung wäre in unserem Fall die Zugehörigkeit der gewerblichen Mitarbeiter zu Abteilungen und Kostenstellen. Um das Prinzip dieser Auswahlverfahren besser erläutern zu können, nehmen wir an, der gewerbliche Bereich der Firma Allesmann sei so gegliedert, wie in der Tabelle auf der nächsten Seite angegeben und zeichne sich durch die dort beschriebenen Merkmale aus.

Wird innerhalb *jeder* Untergruppe eine Zufallsauswahl getroffen, erhalten wir eine *geschichtete Stichprobe*. Stellen die Abteilungen diese Schichten dar, könnten aus jeder beispielsweise 3 Mitarbeiter befragt werden. Da die Abteilungen unterschiedlich groß sind, erhalten wir so eine *disproportional geschichtete Zufallsstichprobe*. Um eine *proportional ge-*

schichtete Zufallsstichprobe zu ziehen, würden aus *jeder* Abteilung z.B. 40% der Mitarbeiter per Zufall ausgewählt.

Auch wenn – abgesehen von Abweichungen durch Auf- und Abrunden – sowohl bei der einfachen Stichprobe als auch bei der proportional geschichteten Stichprobe jedes Element die gleiche Wahrscheinlichkeit hat, in die Stichprobe aufgenommen zu werden (in unserem Fall p = 0,4), besteht doch ein wesentlicher Unterschied zwischen den beiden Verfahren: Während es bei einer einfachen Zufallsauswahl prinzipiell möglich ist, dass – je nach Größe der Stichprobe, Grundgesamtheit und Abteilungen – aus einer Abteilung kein Mitarbeiter befragt wird, ist bei der proportional geschichteten Stichprobe immer jede Abteilung repräsentiert.

Gewerblicher Bereich der Firma Allesmann						
Abteilungen	I		II		III	
Kostenstellen (mit unterschiedlich vielen Mitarbeitern)	A	B	C	D	E	F	G
Es wird **Gruppenarbeit** praktiziert (GA)	GA	-	GA	-	GA	-	-
Meister berichten von Problemen (P)	P	P	P	-	-	-	-

Eine *Klumpenstichprobe* entsteht, wenn nicht die Elemente der Stichprobe zufällig ausgewählt werden wie bei der einfachen Zufallsstichprobe, sondern die Untergruppen. Nach der zufälligen Bestimmung der Untergruppen (Klumpen) wird dann die gesamte Untergruppe herangezogen. Die Generierung einer Klumpenstichprobe wäre im Falle der Firma Allesmann gegeben, wenn aus den 7 Kostenstellen (Klumpen) per Zufall 5 ausgewählt und alle Mitarbeiter dieser Kostenstelle befragt würden. Das Prinzip der Klumpenstichprobe ist hinsichtlich der Verallgemeinerung der Ergebnisse problematisch, wenn die Klumpen in Bezug auf die für unsere Fragestellung wichtigen Merkmale untereinander sehr heterogen und in sich sehr homogen sind (vgl. Diekmann, 2003: 336). Würde bei der Firma Allesmann beispielsweise nur in einer Abteilung in Gruppenarbeit gefertigt, könnten durch zufälliges Auswählen von zwei Abteilungen gerade die in die Stichprobe gelangen, in denen keine Gruppenarbeit praktiziert wird, und somit würde aber die nötige Varianz der Variablen fehlen. Die Wahrscheinlichkeit wäre – in unserem Beispiel – mit p = 1/3 gar nicht so gering.

Die dargestellten Verfahren lassen sich natürlich auch kombinieren. Werden z.B. zunächst die Klumpen bestimmt und dann innerhalb der Klumpen eine weitere Auswahl getroffen, spricht man von mehrstufigen Auswahlverfahren. *Mehrstufige Auswahlverfahren* sind solche, bei denen mindestens zweimal auf verschiedenen Ebenen ausgewählt wird. Solche Verfahren bieten sich vor allem dann an, wenn die Grundgesamtheit sehr groß ist, z.B., wenn Aussagen über alle Unternehmen einer Branche zu treffen sind. Hier könnten zunächst Regionen bestimmt werden, in denen die Untersuchung durchgeführt werden soll (Klumpenstichprobe). In einem zweiten Schritt würde dann eine einfache Zufallsstichprobe der Unternehmen der interessierenden Branche in der jeweiligen Region gezogen. Wieder sehen wir, dass dies nur dann sinnvoll ist, wenn die Klumpen (Regionen) im Hinblick auf die uns interessierenden Zusammenhänge miteinander vergleichbar sind (untereinander homogen – in sich heterogen). Wäre es für unsere Fragestellung plausibel, dass es regionale Effekte gibt, wäre eine solche Vorgehensweise problematisch.

Zurück zu Herrn Huber, er hat sich entschieden: Es werden alle Arbeitnehmer der Abteilungen I und II befragt. Die Auswahl, die er getroffen hat, ist offensichtlich keine Zufallsauswahl; vielmehr lagen ihr bewusste Überlegungen zugrunde. Folgende, durchaus sinnvolle Regeln könnten ihn geleitet haben: (1) Befrage alle Mitarbeiter in den Kostenstellen, in denen Probleme mit Arbeitsleistung und Fluktuation aufgetreten sind. (2) Wähle die Kostenstellen so aus, dass sich Varianz hinsichtlich der Aspekte Gruppenarbeit und wahrgenommene Probleme ergibt. Das heißt, es soll je eine Gruppenarbeits-Kostenstelle mit Problemen und ohne Probleme und je eine Nicht-Gruppenarbeits-Kostenstelle mit Problemen und ohne Probleme befragt werden. Herr Huber hat also eine *bewusste Auswahl* getroffen.

Ein weiteres Beispiel für diese Art von Auswahlverfahren ist die *Quotenauswahl*. Hier wird für ein bestimmtes relevantes Merkmal oder mehrere

80

relevante Merkmalskombinationen eine Vorgabe gemacht, wie viele der hierdurch charakterisierten Elemente in der Stichprobe enthalten sein sollen. Die Auswahlkriterien werden dabei so gewählt, dass die Verteilung der jeweiligen Merkmale oder Merkmalskombinationen der Stichprobe der Verteilung in der Grundgesamtheit entspricht (vgl. Schnell/ Hill/Esser 1999: 280). Würden bei Allesmann ein Drittel der gewerblichen Arbeitnehmer in Gruppen arbeiten, müssten in der Stichprobe auch genau ein Drittel Gruppenarbeiter vertreten sein.

Das sog. *Schneeballverfahren* – ebenfalls ein Beispiel für eine bewusste Auswahl – wird angewandt, wenn die Grundgesamtheit nicht bekannt ist. Das Prinzip funktioniert so: Wenn wir eine Person gefunden haben, die Teil unserer Grundgesamtheit ist, fragen wir sie nach entsprechenden weiteren Personen. Wäre unsere Grundgesamtheit die Menge aller unzufriedenen Mitarbeiter, könnten wir einen Mitarbeiter, von dem wir wissen, dass er unzufrieden ist, danach fragen, ob er weitere Kollegen kennt, von denen er weiß, dass sie die gleichen Probleme haben. Natürlich hat das Verfahren seine Grenzen. Gerade in unserem Beispiel wäre es fraglich, ob uns der entsprechende Mitarbeiter weitere Personen nennen würde.

Doch nun wieder zurück zur der Auswahlentscheidung von Herrn Huber: War sie sinnvoll? Hätte er nicht lieber eine einfache Zufallsstichprobe ziehen sollen? Bei Herrn Hubers Untersuchung handelt es sich um ein *Quasi-experimentelles Design* (vgl. Kapitel 5): Er hat die befragten Kostenstellen so gewählt, dass sich jeweils in Hinblick auf die Variablen „Gruppenarbeit" und „Probleme" (Fluktuation und verminderte Arbeitsleistung) Experimental- und Kontrollgruppen bilden lassen. Diese Vergleichsgruppen setzen sich jedoch nicht zufällig zusammen wie beim Experimentellen Design, sondern sind durch die betrieblichen Gegebenheiten festgelegt. Herr Huber ist in der Lage, bei der späteren Datenanalyse bestimmte Werte getrennt für Gruppenarbeiter und Nicht-Gruppenarbeiter zu berechnen. Genauso könnte er die Daten nachträglich danach klassifizieren, ob bestimmte Probleme bestehen oder nicht. Mit Herrn Hubers Auswahl lässt sich also der Zusammenhang dieser Variablen mit der Unzufriedenheit untersuchen, indem die mittlere Zufriedenheit der jeweiligen Gruppen verglichen wird. Wäre beispielsweise der durchschnittliche Zufriedenheitswert der Gruppenarbeiter niedriger als der aller anderen Mitarbeiter, könnte ein Zusammenhang zwischen Arbeitsorganisation und Zufriedenheit angenommen werden (vgl. Kapitel 9.2.2). Der Bezug zwischen Arbeitszufriedenheit, Leistung und Fluktuation lässt sich analog prüfen. (Allerdings gibt es für den Zusammenhang dieser Variablen noch andere Möglichkeiten der Zusammenhangsanalyse, da sie ein anderes Skalenniveau haben als die Variable Arbeitsorganisation; vgl. Kapitel 9.2.2). Sofern wir die Annahme akzeptieren, dass sich die von der Untersuchung ausgeschlossene Abteilung III hinsichtlich der untersuchten Zusammenhänge nicht von den beiden anderen gewerblichen Abteilungen unterscheidet, ist die Auswahl von Herrn Huber durchaus sinnvoll: Es ist genug Varianz in den Variablen. Auch vermutete Herr Huber vielleicht nicht ganz unbegründet, dass die Akzeptanz der Erhebung höher ist, wenn alle Mitarbeiter der relevanten Abteilungen befragt werden und nicht nur einige ausgesuchte: Die Nichtbefragten könnten das Gefühl haben, dass sie nicht Gehör finden, die Befragung ausgewählter Personen könnte als versteckte Kontrolle interpretiert werden etc.

Da bei dieser Art der Stichprobengenerierung die Klassifizierung der Experimental- und Kontrollgruppen erst nach der Erhebung und je nach untersuchtem Zusammenhang erfolgt, spricht man auch von einem *ex-post-facto-Design* (vgl. Schnell/Hill/Esser 1999: 218).

Verständnisfrage:

30. Es soll untersucht werden, inwieweit die Führungskräfte eines Unternehmens die Unternehmensleitsätze verinnerlicht haben. Die Mitarbeiter sollen den Grad der Verinnerlichung für ihre jeweiligen Vorgesetzten beurteilen. Beantworten Sie vor dem Hintergrund dieses Untersuchungskonzeptes die folgenden Fragen:

   (a) Definieren Sie möglichst exakt die Grundgesamtheit der Untersuchung; über welche Personen sollen Aussagen gemacht werden?

   (b) Was sind die Gemeinsamkeiten und Unterschiede zwischen einer geschichteten Zufallsauswahl und einer Klumpenstichprobe?

   (c) Was könnten in unserem Beispiel sinnvolle Schichten sein?

   (d) Was wären sinnvolle Klumpen? Welche Probleme könnten bei einer Klumpenstichprobe auftreten?

   (e) Wie könnte eine Quotenstichprobe aussehen?

6.3 Repräsentativität und Stichprobenumfang

Genau wie bei der Entscheidung für das richtige Datenerhebungsverfahren ist die Wahl der Erhebungseinheiten nicht unabhängig von der Fragestellung der Untersuchung zu treffen. Oft wird aber gerade die Frage des Auswahlverfahrens als Hauptkriterium der Bewertung einer Studie herangezogen und der strapazierte Begriff der Repräsentativität ins Feld geführt. Dabei ist die Wahl des Auswahlverfahrens lediglich eine von vielen Entscheidungen während des Forschungsprozesses, von denen die methodische Verlässlichkeit der Erhebung abhängt (vgl. hierzu auch Scheuch 1974: 11). Den Zusatz: „Unsere Untersuchung ist repräsentativ!" erhalten viele Forschungsberichte. Was genau ist damit gemeint, und wann ist Repräsentativität notwendig? Welche Größe muss eine Stichprobe haben?

Lediglich bei einer Zufallsstichprobe einer bestimmten Größe ist ein Induktionsschluss von Kennziffern der Stichprobe auf entsprechende Kennziffern in der Grundgesamtheit zulässig, und nur unter dieser Bedingung kann man von Repräsentativität sprechen. Treten bei der Auswahl der Stichprobenelemente hingegen nicht zufällige, systematische Verzerrungen auf, kann nicht davon ausgegangen werden, dass die Stichprobe die Grundgesamtheit adäquat abbildet. Wie kann entschieden werden, ob die Auswahl zufällig vollzogen wurde und somit eine Voraussetzung für Repräsentativität gegeben ist? Es könnte geprüft werden, ob bestimmte Merkmale in der Stichprobe prozentual genauso häufig vorkommen wie in der Grundgesamtheit. Dieser „Beweis" der Repräsentativität birgt aber einige Probleme:

- Da es sich um eine Stichprobe und nicht um die Grundgesamtheit selbst handelt, ist die Wahrscheinlichkeit, dass eine bestimmte Anzahl von Merkmalen der Untersuchungseinheiten in der Stichprobe die gleiche relative Häufigkeit besitzt wie in der Grundgesamtheit, nahezu gleich null. Nur bei sehr vielen Stichproben aus einer Grundgesamtheit werden diese Stichproben *im Mittel* die gleiche Verteilung der relativen Häufigkeiten aufweisen.

- Ein zweites Problem: In den meisten Fällen interessiert uns nicht, ob *alle* Kennziffern der Stichprobe denen der Grundgesamtheit entsprechen. Wir wollen dies lediglich von einigen uns interessierenden

Kennziffern wissen. Oft interessiert uns auch nur die Frage, ob die uns interessierenden *Zusammenhänge* in der Stichprobe auch für die Grundgesamtheit gelten. Das Problem ist, dass wir die empirischen Ausprägungen vieler für uns relevanter Merkmale der Grundgesamtheit gar nicht kennen; deswegen führen wir ja die Untersuchung durch. So beispielsweise, wenn wir den Anteil der Mitarbeiter bestimmen wollten, der eine Kündigung in Erwägung zieht. In Hinblick auf diese unbekannten Merkmale lässt sich die Repräsentativität streng genommen nicht prüfen. Meist beschränkt man sich bei der Repräsentativitätsprüfung auf die aus der Grundgesamtheit bekannten Kennziffern. Doch was bedeutet es, wenn bestimmte Variablen über- oder unterrepräsentiert sind? Können wir unsere Ergebnisse nicht verwerten? So kann es sein, dass das Durchschnittsalter der befragten Mitarbeiter nicht zufällig von dem aller gewerbliche abweicht, wir also genau genommen keine repräsentative Auswahl getroffen haben. Dies kann uns aber gleichgültig sein, wenn die Zusammenhänge zwischen Gruppenarbeit, Arbeitszufriedenheit, Leistung und Fluktuation nichts mit dem Alter zu tun haben und sich deshalb trotzdem auf alle gewerblichen Arbeitnehmer übertragen lassen.

Wie wir sehen, handelt es sich bei der Repräsentativität um eine sehr abstrakte, idealtypische Vorstellung. Der aufmerksame Leser wird es bereits vermuten: Wie groß eine Stichprobe sein muss, um zulässige Schlüsse auf die Grundgesamtheit zu ziehen, lässt sich nicht ganz einfach bestimmen. Generell gilt: je größer eine Stichprobe, desto besser kann dieser Schluss vollzogen werden. Dies gilt nur unter der Voraussetzung, es handelt sich um eine Zufallsauswahl. Treten systematisch verzerrende Auswahleffekte auf, wirken diese umso stärker, je größer die Stichprobe ist.

Unter welchen Bedingungen ist Repräsentativität überhaupt nötig? Repräsentativitätsüberlegungen sind nur dann wichtig, wenn die Untersuchung den Anspruch hat, etwas über Verteilungen in der Grundgesamtheit bzw. einer bestimmten Population auszusagen (vgl. Diekmann 2003: 369). Im Vergleich mit der medizinischen Forschung ist dies bei der Personalforschung eher selten der Fall. Klar sollte jedoch sein, dass im Zusammenhang der Repräsentativität die Entscheidung über die Grundgesamtheit nicht unerheblich ist. Wir sind im vorigen Kapitel auf Einzelfallstudien eingegangen. Sicher lässt sich nicht von einer Einzelfallstudie auf alle Unternehmen z.B. einer Branche schließen – interessiert uns aber nur dieses eine Unternehmen und bildet somit unsere Grundgesamtheit, besteht kein Repräsentativitätsproblem.

Verständnisfragen:

31. Was bedeutet es, wenn von der Repräsentativität einer Stichprobe gesprochen wird?

32. Für welchen Untersuchungszweck ist die Repräsentativität einer Stichprobe von Bedeutung?

7 Datenerhebungsverfahren

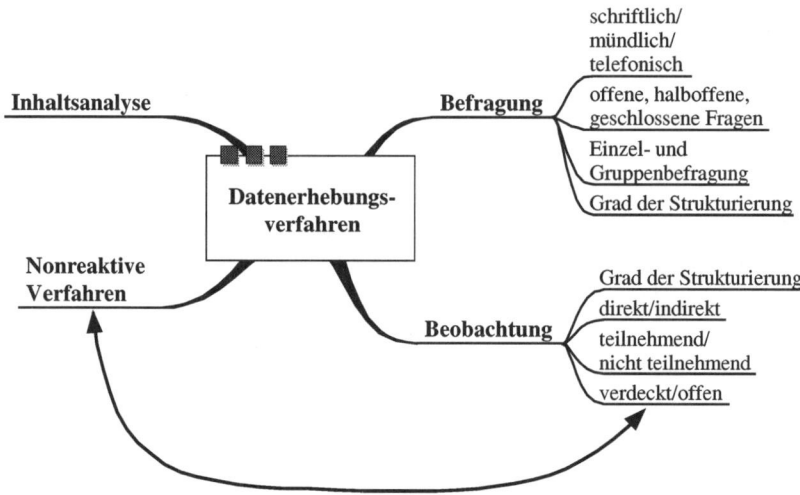

Übersicht 17: Datenerhebungsverfahren und Unterscheidungskriterien

Im Folgenden widmen wir uns der Frage, welche generellen Möglichkeiten bestehen, personalwirtschaftlich relevante Informationen zu erfassen. Wir beschäftigen uns also mit Datenerhebungsverfahren. Bei der Wahl des Verfahrens muss überlegt werden, welches im Hinblick auf den Untersuchungsgegenstand, die jeweilige Fragestellung, die Möglichkeiten des Feldzugangs, die vorhandenen finanziellen Mittel usw. am besten geeignet ist, unseren Informationsbedarf zu decken. Kriterien, die bei der Entscheidung für das im Einzelfall geeignete Verfahren bedenkenswert sind, haben wir in Kapitel 3.2 „Kriterien zur Beurteilung von Datenerhebungsverfahren" erläutert. Im Folgenden geht es nun stärker darum, die Besonderheiten der Methoden darzustellen und Hinweise für ihre Anwendung zu geben

Welche Datenerhebungsverfahren stehen uns zur Verfügung? In der Literatur zur empirischen Sozialforschung findet sich meist die Unterscheidung zwischen Befragung, Beobachtung und nonreaktiven Verfahren; zum Teil wird als weitere Methode die Inhaltsanalyse genannt. Wir verwenden diese Kategorisierung der Verfahren, obwohl sie nicht ganz trennscharf ist: So kann die verdeckte, nicht teilnehmende Beobachtung sowohl als eine Form der Beobachtung als auch als nonreaktives Verfahren klassifiziert werden. Die Inhaltsanalyse ist nicht nur eine Methode der Datengewinnung, sondern auch der Datenanalyse. Übersicht 17 zeigt alle hier behandelten Datenerhebungsverfahren und deren Varianten im Gesamtbild.

7.1 Befragung

Befragungen fallen sicherlich jedem zuerst ein, wenn von empirischer Personalforschung die Rede ist. Dies hat auch seinen Grund, denn auch in der methodischen Literatur wird diesem Verfahren zentrale Bedeutung beigemessen (vgl. Bronner 1999: 143, Diekmann 2003: 371; Friedrichs 1990: 1936, Schnell/Hill/Esser 1999: 299): Dieses Datenerhebungsverfahren ist am stärksten vor dem Hintergrund allgemeiner Theorien reflektiert worden, und es wurden die meisten praktischen Empfehlungen hierzu entwickelt, z.B. zur Frageformulierung oder der Gestaltung des Fragebogens. Zudem knüpft die Befragung – vor allem in mündlicher Form – an ein Alltagsverständnis von Informationsbeschaffung an: Es liegt nahe, diejenigen zu kontaktieren, die über die benötigten Informationen verfügen. Auch im personalwirtschaftlichen Kontext sind Befragungen die am häufigsten eingesetzten Datenerhebungsverfahren.

Was macht die Besonderheit der Befragung aus? Bei dieser Methode werden, anders als bei der Beobachtung, ausschließlich verbalisierte Informationen erhoben (vgl. Schnell/Hill/ Esser 1999: 299). Das Medium, welches zugleich die Reichweite dieses Datenerhebungsverfahrens bestimmt, ist also die Sprache. Es kann folglich nur das erhoben werden, was kommunizierbar ist. Die Voraussetzung der Befragung ist zudem, dass Forscher (der Fragende) und Befragter (der Antwortende) eine gemeinsame Sprachebene besitzen. Auf mögliche Kommunikationsprobleme ist bereits bei der Formulierung der Fragen und der eventuellen Vorgabe von Antworten zu achten. So sind in der Regel möglichst einfache Formulierungen zu verwenden, und die Ausdrücke sollten dem Sprachgebrauch der Probanden entsprechen. Auch ist zu vermeiden, zu komplexe Fragen zu stellen, die auf mehrere interessierende Aspekte gleichzeitig abzielen oder die zu viele komplizierte Bedingungen bzw. Relativierungen enthalten. Erfahrungsgemäß sind zudem Fragestellungen mit einer doppelten Verneinung missverständlich. In Hinblick auf eine genaue Erfassung der interessierenden Informationen ist darüber hinaus eine hinreichend präzise und konkrete Ausdrucksweise empfehlenswert. Werden beispielsweise sehr allgemeine Begriffe verwendet (wie z.B. der Ausdruck „Sozialkompetenz"), kann es sein, dass unterschiedliche Probanden jeweils andere Assoziationen entwickeln und der Vergleich ihrer Antworten dadurch problematisch wird. Schwierigkeiten können ebenso durch den Gebrauch von stark wertbesetzten Begriffen entstehen (Empfehlungen zur Frageformulierung finden sich bei Bortz/Döring 2002: 244f. und 254f.).

Fragen zielen auf unterschiedliche Arten von Informationen ab: So sind reine Wissensfragen bzw. Fragen zu (organisationalen) Sachverhalten oder Zuständen von Fragen abzugrenzen, mit denen Persönlichkeitsmerkmale, Einstellungen oder typische Verhaltensmerkmale in Erfahrung gebracht werden. Gerade bei Befragungen, die sich auf die Beurteilung anderer Personen richten und im Rahmen der betrieblichen Personalforschung sehr verbreitet sind (man denke etwa an Erhebungen zum Führungsstil, an die Personalbeurteilung durch Vorgesetzte oder Gleichgestellte oder an 360-Grad Beurteilungen) sind verzerrende Effekte, die durch eine subjektive Wahrnehmung der Befragten entstehen kann, zu beachten. Bei der Einschätzung der Lernbereitschaft eines Auszubildenden beispielsweise, mag der eine Vorgesetzte zu einem anderen Ergebnis kommen als der einer anderen Abteilung. Dies kann daran liegen, dass sich der Auszubildende gegenüber den beurteilenden Personen tatsächlich unterschiedlich verhalten hat, z.B. weil ihn der Arbeitsbereich der Einkaufsabteilung mehr interessiert als der der Buchhaltung. Ausschlaggebend könnten aber auch unterschiedliche Ansprüche an Auszubildende oder persönliche Sympathien der Urteilenden sein. Wir müssen also bei der Befragung – wie bei anderen Methoden auch – dafür sorgen, dass wir aus den Antworten korrekte Rückschlüsse ziehen können. Wir wollen z.B. wissen, wie groß die Lernbereitschaft eines Auszubildenden ist und nicht, welche Ansprüche der Beurteilende an ihn stellt. Es ist daher bei Fragen zur Beurteilung von Personen sinnvoll, die Kriterien der Beurteilung vorzugeben (oder aber dem Vorgesetzten Gelegenheit zu geben, seine Kriterien explizit darzulegen, was eine spätere Vergleichbarkeit erheblich erschweren würde).

Aber auch Fragen nach Sachverhalten (z.B. nach der Einhaltung von Arbeitssicherheits-Maßnahmen im Betrieb) können durch die subjektiven Meinungen, Einschätzungen oder Wahrnehmungen der Probanden beeinflusst sein. Antworten hängen stets auch vom Erfahrungshorizont, Anspruchsniveau, Erinnerungsvermögen, von den Präferenzen, der Selbstwahrnehmung oder Wertorientierungen der Befragten ab. Das bedeutet, dass Fragen, die sich auf den gleichen (objektiven) Sachverhalt beziehen, von verschiedenen Personen durchaus unterschiedlich beantwortet werden können. Daher müssen wir zwischen einer Beschreibung von Gegebenheiten einerseits und einer Bewertung dieser Gegebenheiten andererseits trennen. Fragen sollten also der Tatsache Rechnung tragen, dass Bewertungen und Beschreibungen zwar analytisch relativ leicht zu unterscheiden sind, in der Denkwelt der Befragten aber eng miteinander verknüpft sind und sich möglicherweise wechselseitig beeinflussen. Mitunter kann es sich somit anbieten, zur Erfassung derartiger Informationen auf ein ganz anderes Datenerhebungsverfahren zurückzugreifen – z.B. auf die Inhaltsanalyse (bzw. Dokumentenanalyse).

Gerade bei der Anwendung der Befragung als Erhebungsinstrument ist darüber hinaus zu bedenken, dass die Erhebung von personalwirtschaftlich entscheidungsrelevanten Informationen die Interessen der am Datengewinnungsprozess Beteiligten betrifft. Es kann davon ausgegangen werden, dass Befragte eine Vorstellung darüber besitzen, was von ihnen erwartet wird oder welche Antworten der Fragende als angemessen betrachten könnte und dass diese Vorstellungen ihr Antwortverhalten beeinflusst. Dieses Phänomen wird als Problem der sozialen Erwünschtheit bezeichnet.

Verständnisfrage

33. Wieso könnte es problematisch sein, zur Erstellung einer Arbeitsplatzbeschreibung den Stelleninhaber einmalig, ohne Vorankündigung, zu seinem Tätigkeitsfeld zu befragen?

7.1.1 Schriftliche Befragung

Am geläufigsten ist die schriftliche Erhebung von Informationen mittels standardisierter Fragebögen. Diese Methode hat einen wesentlichen Vorteil: Fragebögen können anonym ausgefüllt werden, während Anonymität bei der persönlichen, mündlichen Befragung schwer zu erreichen ist. Vor allem bei brisanten Themen – wie z.b. der Vorgesetztenbeurteilung, der Erhebung der Kündigungsneigung oder der Analyse von Fehlzeiten – ist bei schriftlichen, unpersönlichen Befragungen die Akzeptanz und die Offenheit der Befragten meist höher als bei mündlichen Interviews. Die so erzielte Distanz kann jedoch auch dysfunktional sein: In einem persönlichen, mündlichen Interview ist es eher möglich, ein Vertrauensverhältnis aufzubauen, welches es erleichtert, entsprechende Auskünfte, z.b. zur Arbeitszufriedenheit, zu erhalten und so evtl. Ursachen und Konsequenzen besser reflektieren zu können. Hegt der Befragte bei einer schriftlichen Befragung Misstrauen, wird er den Fragebogen möglicherweise gar nicht erst ausfüllen.

Ein Grund für die Popularität der schriftlichen Befragung ist zudem die Ökonomie dieser Methode. Mit vergleichsweise wenig Aufwand lassen sich umfangreiche Informationen gewinnen und auswerten. Der Personalaufwand ist geringer, weil keine Interviewer eingesetzt werden. Da die Befragten schriftlich antworten, entfällt der sehr aufwendige Arbeitsschritt der Transkription (Verschriftlichung) verbaler Äußerungen. Nachteilig bei schriftlicher Befragung ist jedoch, dass sich die Erhebungssituation nur bedingt kontrollieren lässt. So ist es möglich, dass der Fragebogen z.B. in Kooperation mit Kollegen oder anderen dritten Personen ausgefüllt wird, was je nach Fragestellung unerwünschte Verzerrungen der Informationen bewirken kann. Darüber hinaus ist die Rücklaufquote schriftlicher Befragungen wegen des geringeren Verpflichtungsgefühls niedriger als die Beteiligungsquote an mündlichen Befragungen. Die Befragung von Gruppen oder Abteilungen während der Arbeitszeit in einem eigens dafür vorgesehenen Raum ist eine gute Methode, beide Probleme zu verringern, auch wenn Antwortverweigerungen nie gänzlich ausgeschlossen werden können.

7.1.2 Mündliche Befragung

Mündliche Befragungen (Interviews), bringen es mit sich, dass eine Interaktion zwischen Befragten und Interviewer zustande kommt. Stärker noch als bei einer anonymen Befragung per Fragebogen kann daher der Effekt auftreten, dass Befragte das antworten, was sie meinen, was man von ihnen im positiven Sinne erwartet. Dieses Phänomen bezeichnet man als Soziale Erwünschtheit. Nehmen wir an, wir fragen in einer Vorgesetztenbefragung zur Leistungsbeurteilung: „Wie häufig kommt es vor, dass ihre Mitarbeiter ungerecht beurteilt werden?", dann müssen wir davon ausgehen, dass viele Befragte angeben, eine ungerechte Behandlung sei selten. Ansonsten würden sie zugeben, dass sie selbst eine ungerechte Beurteilung vornehmen und damit ein sozial unerwünschtes Verhalten zeigen. Auf die Frage in einem Personalauswahlgespräch: „Erinnern Sie sich an ein wichtiges Entscheidungsproblem, das Sie in der letzten Zeit betroffen hat, und erläutern Sie, wie Sie dieses gelöst haben!", wird der Bewerber nur solche Probleme und Lösungen nennen, von denen er denkt, dass sie ihn in einem guten Licht erscheinen lassen; vielleicht wird er sogar eine Entscheidungssituation erfinden. Sicher wird er sich Gedanken über die Intention der Frage machen und darüber, was der Interviewpartner als adäquat ansehen mag. Sofern wir mit der Frage nicht genau diese Schlagfertigkeit des Bewerbers messen wollen, sondern die Entscheidungs- und Problemlösungskompetenz, die er real in der Vergangenheit gezeigt (oder eben nicht gezeigt) hat, wäre die Messung nicht valide. Die Tendenz, sozial erwünschte Antworten zu geben, ist davon abhängig, mit welchen Konsequenzen ihrer Antworten die Befragten rechnen. Schon Reaktionen des Interviewers auf die Antworten oder die Art, wie er die Fragen formuliert (Betonung, schnell/langsam usw.), können die Einschätzung der Konsequenzen beeinflussen. Wesentlich ist auch, durch wen die Befragung vorgenommen wird. Je nach Person werden andere Attributionen bei den Befragten ausgelöst. Die Befragten werden gegenüber dem direkten Vorgesetzten andere Antwortformulierungen (und ggf. auch inhaltlich andere Antworten) wählen, als gegenüber einer neutralen Person, einem Kollegen oder dem Betriebsrat.

Die mündliche Befragung bietet hingegen den Vorteil, dass der Interviewer in der Lage ist, die Fragen nötigenfalls zu modifizieren, z.B. um erkannte Kommunikationsprobleme durch ergänzende Formulierungen zu lösen oder wichtige Aspekte zu vertiefen. In einem Mitarbeitergespräch können Themen zur Sprache kommen, die den Vorgesetzten veranlassen, intensiver nachzufragen. Es ist also auch möglich, dass der Interviewer im „positiven Sinne" Einfluss auf das Gespräch nimmt: Das Interesse, das er gegenüber dem Befragten zeigt, kann diesen ggf. zu ausführlicheren Antworten anregen. Zudem erlaubt die mündliche face-to-face-Befragung, nonverbale Aspekte aufzunehmen und zu deuten. Ironische Äußerungen können besser als bei der schriftlichen Befragung identifiziert werden. Die hier notwendige Interpretationsleistung seitens des Fragenden kann jedoch prekär sein: Werden diese nonverbalen Signale richtig gedeutet? In welcher Weise sollen sie in die Auswertung integriert werden? Hier stoßen wir bereits auf Probleme der Informationsselektion und -interpretation, die uns im Zusammenhang mit der Beobachtung wieder begegnen werden.

Bisher sind wir davon ausgegangen, dass es sich um eine persönliche Befragung handelt. Natürlich lassen sich entsprechende Informationen auch fernmündlich erheben. Die telefonische Befragung unterscheidet sich von der normalen face-to-face-Interviewsituation durch die höhere soziale Distanz zwischen Befragtem und Interviewer. Ähnlich wie bei der schriftlichen Befragung kann diese erhöhte Anonymität der Befragungssituation sowohl zu offeneren Antworten als auch dazu führen, dass das Verpflichtungsgefühl, antworten zu müssen, geringer ist.

7.1.3 Frageformen

Was wir bei Befragungen in Erfahrung bringen, hängt auch davon ab, welche Art der Fragenformulierung gewählt wird. Man unterscheidet zwischen offenen und geschlossenen Fragen.

- Kann der Befragte mit eigenen Worten antworten, wird von *offenen Fragen* gesprochen. Die Formulierung: „Wie würden Sie Ihre derzeitige Arbeitstätigkeit beschreiben?" ist ein Beispiel für eine solche Frageform.

- Sind bei einer Frage die möglichen Antworten bereits vorgegeben, handelt es sich um eine *geschlossene Frage*. Es gibt eine Reihe von Vorgabeformen, von denen hier nur die populärsten erwähnt werden. Bei der Konzeption der Fragen ist allerdings immer zu bedenken, dass die Art und Weise der Antwortvorgabe, das Skalenniveau der erhobenen Variablen und somit auch die spätere Datenanalyse determiniert. Die in Kapitel 4.4 dargestellten Ratingskalen sind ein Beispiel für geschlossene Fragen. Der Befragte wird aufgefordert, formulierte Statements in Hinblick auf ihre Richtigkeit, Bedeutung oder Wahrscheinlichkeit zu beurteilen. Durch die Vorgabe von Abstufungen lassen sich die Antworten auf verschiedene, gleichgerichtete Items zu einem Wert zusammenfassen sowie Durchschnittswerte über alle Befragten berechnen. Eine weitere Vorgabetechnik besteht darin, aus zwei oder mehr Aussagen den Befragten diejenige auswählen zu lassen, die seiner Auffassung am ehesten entspricht. Zudem ist möglich, ein umfassendes Kategoriensystem vorzugeben, welches alle möglichen Antworten umfasst.

- Bei *Hybridfragen bzw. halb offenen Fragen* hat der Befragte die Möglichkeit, die vorgegebenen Antwortkategorien zu ergänzen. Die Antwortvorgaben erhalten dann z.b. den Zusatz „Sonstiges und zwar...". Dies ist vor allem dann notwendig, wenn das vorgegebene Kategoriensystem nicht alle möglichen Antworten enthält.

Zur Verdeutlichung werden in Übersicht 18 einige Fragen aus empirischen Forschungsprojekten wiedergegeben, die die genannten Fragetypen repräsentieren.

Geschlossene Fragen werden vor allem dann angewandt, wenn die Vergleichbarkeit der Antworten sichergestellt werden soll, was aber voraussetzt, dass hinreichende Kenntnisse oder Vorstellungen über die möglichen Antworten bestehen. Ist dies nicht gegeben, empfiehlt sich eine offene Fragestellung (Friedrichs 1990: 205), bei der die Befragten unvoreingenommen innerhalb ihres eigenen Referenzsystems antworten (Schnell/Hill/Esser 1999: 309). Wird zur Evaluation einer Schulungsmaßnahme beispielsweise folgende geschlossene Frage: „Wurden alle relevanten Inhalte behandelt?" mit den Antwortmöglichkeiten „ja", „eher ja", „eher nein" und „nein" gestellt, lässt sich nicht erschließen, *welche* Aspekte ggf. vernachlässigt wurden. Wollte man die konkreten Defizite der Maßnahme auch mittels geschlossener Fragen ermitteln, müsste man vorher genau festlegen, welche wichtigen Aspekte die Schulung behandeln sollte und nach diesen im Detail fragen. Unproblematisch wäre dies, wenn sich die Weiterbildungsziele genau festlegen ließen. In Kapitel 8 berichten wir von der Evaluation eines Fortbildungsprogramms zum Projektmanagement, bei dem eine offene Fragestellung benutzt wurde und so auch Aspekte erfasst werden konnten, die zwar den Teilnehmern wichtig waren, zuvor jedoch nicht in Erwägung gezogen wurden.

Geschlossene Frage (Ratingskala)

(aus dem Arbeitsbeschreibungs-Bogen von Neuberger/Allerbeck 1978):

Meine Tätigkeit ...

	Ja	eher ja	eher nein	nein
... gefällt mir	❑	❑	❑	❑
... ist langweilig	❑	❑	❑	❑
... ist festgefahren	❑	❑	❑	❑
... ist unselbständig	❑	❑	❑	❑
... ist nutzlos	❑	❑	❑	❑
... ist angesehen	❑	❑	❑	❑

Offene Frage

Beschreiben Sie Ihre derzeitige Arbeitstätigkeit!

....

Geschlossene Frage (Vorgabe mehrerer Aussagen)

(Cranfield Project zum International Strategic Human Resource Management, vgl. Gaugler/Wiltz 1992):

Hat die Zahl der Mitarbeiter in Ihrem Unternehmen während der letzten drei Jahre um mehr als 5% zu- oder abgenommen?

zugenommen ❑

abgenommen ❑

unverändert ❑

nicht bekannt ❑

Hybridfrage (Vorgabe von Kategorien mit offener Rubrik)

(Cranfield Project zum International Strategic Human Resource Management, vgl. Gaugler/Wiltz 1992):

Wenn die Zahl der Mitarbeiter um mehr als 5% abgenommen hat, haben Sie dabei einige der folgenden Maßnahmen getroffen?

Abbau auf freiwilliger Basis ❑

Entlassungen ❑

Vorzeitige Pensionierung ❑

Nichtbesetzung frei werdender Stellen ❑

Sonstige, bitte angeben...

Übersicht 18: Beispiele für unterschiedliche Fragetypen

Verständnisfragen
34. Was bedeutet Soziale Erwünschtheit?

35. Es soll der Führungsstil des Vorgesetzten durch Befragung der Mitarbeiter bestimmt werden. Geben Sie ein Beispiel für eine offene und eine geschlossene Frage.

7.1.4 Standardisierung und Strukturierung von Befragungen

Eng mit der Wahl der Frageform hängt die Entscheidung über den Grad der Standardisierung der Befragung zusammen. Die *Standardisierung* kennzeichnet das Ausmaß des Versuchs, die Befragungssituation und den Spielraum der Antworten zu vereinheitlichen. Durch die Verwendung von geschlossenen Fragen wird der Artikulationsspielraum der Befragten normiert und die Auswertung der Daten vereinfacht. Die Ergebnisse einer offenen Fragestellung werden dagegen in der Regel im Nachhinein durch die Bildung eines Kategoriensystems standardisiert (vgl. hierzu das Kapitel „Inhaltsanalyse"). Hierzu ein Beispiel: Bei der Methode der Kritischen Ereignisse (die z.B. auch in der bekannten Arbeitszufriedenheits-Untersuchung von Herzberg/Mausner/Snyderman 2002 verwendet wurde) wird der Befragte aufgefordert, von einer besonders auffälligen Situation – im positiven oder negativen Sinne – innerhalb eines bestimmten Kontextes zu berichten. Eine solche auffordernde Frage lautet z.B.: „Erinnern Sie sich noch einmal an die von Ihnen absolvierte Weiterbildungsmaßnahme! Gab es einen Aspekt, der ihnen besonders gut oder besonders schlecht gefallen hat?" Da die Befragten völlig frei in der Wahl der Situation sind, sich sogar entscheiden können, ob sie von einer positiv oder negativ eingeschätzten Situation berichten wollen und in der Art ihres Berichtes nicht eingeschränkt werden, handelt es sich hierbei um eine *geringstandardisierte* Befragung.

Die Standardisierung bezieht sich zudem auf die Reihenfolge und Formulierung der Fragen. In diesem Zusammenhang wird auch von der *Strukturierung* der Befragung gesprochen. Bei schriftlichen Befragungen ist eine solche Strukturierung in der Regel gegeben, da allen Befragten identische Fragebögen zukommen. Bei der mündlichen Befragung besteht eine größere Variationsbreite. Sind der Wortlaut und die Reihenfolge der Fragen vorgegeben, handelt es sich um eine *hochstrukturierte Befragung*.

Dem Interviewer liegt ein Fragebogen vor, auf dem er die Antworten des Befragten notiert. Dieser Fragebogen unterscheidet sich nicht von dem einer schriftlichen Befragung – anders ist nur die Form der Präsentation der Fragen.

In einer Reihe von Untersuchungen hat man herauszufinden versucht, wie man am besten strukturiert bzw. standardisiert und auf dieser Basis einige Ratschläge entwickelt: Die Fragen sind so anzuordnen, dass mögliche Fragenreiheneffekte vermieden werden, also eine Frage nicht das Antwortverhalten bei den Nachfolgenden beeinflusst (vgl. Diekmann 2003: 398). Zudem ist zu beachten, dass nicht nur positiv formulierte Fragen gestellt werden (vgl. Bortz/Döring 2002: 244ff.). Durch die Integration von negativen Items wird stupides Antworten vermieden sowie eine mögliche „Ja-Sage-Tendenz" erkannt. Weitere Empfehlungen zielen darauf ab, Motivation und Aufmerksamkeit der Befragten zu erhöhen. So ist es sinnvoll, am Anfang „Eisbrecherfragen" zu stellen, die leicht von den Probanden beantwortet werden können, gleichzeitig aber auch das Interesse an der Studie wecken (Bortz/Döring 2002: 256). In standardisierten Fragebögen sind ggf. Filter- oder Gabelfragen zu integrieren. Die Bildung von Themenblöcken ist zwar einerseits ratsam, da die Befragten nicht ständig gedanklich hin und her springen müssen, zu erwägen sind jedoch mögliche Fragenreiheneffekte (Bortz/Döring 2002: 256). Da sich die Aufmerksamkeit im Laufe der Befragung verändert, sollten die wichtigsten Fragen im zweiten Drittel gestellt werden und zuletzt demografische Fragen zur Person bzw. andere, einfach zu beantwortende Fragen.

Je nach Erkenntnisinteresse kann es jedoch sinnvoll sein, auf eine Strukturierung zu verzichten und dem Interviewer die Anordnung und Formulierung der Fragen zu überlassen. Auf diese Weise wird eine natürlichere Gesprächssituation geschaffen, was eine größere Informationsbereitschaft des Befragten bewirken kann. Durch Nachfragen kann der Interviewer die Bedeutung einer Antwort validieren, Einflüsse auf die Meinungsbildung bzw. den Bezugsrahmen des Befragten rekonstruieren oder Kommunikationsprobleme beseitigen. Nach Bedarf können Prioritäten gesetzt werden, um auf abweichende oder seltene Fälle einzugehen oder Einzelaspekte einer Antwort zu ermitteln. Bei einer solchen *teilstrukturierten Befragung* wird lediglich ein Gesprächsleitfaden vorgegeben, der sicherstellt, dass wesentliche Aspekte erfasst werden. Man nennt sie daher auch

Leitfadengespräch (vgl. Schnell/Hill/Esser 1999: 355ff.) oder leitfaden-gestütztes Interview.

Die Standardisierung einer Befragung dient vor allem dazu, die gewonnenen Daten vergleichbar zu machen und verallgemeinern zu können: Sollen große, „repräsentative" Stichproben erhoben werden, ist eine Standardisierung der Befragung unumgänglich. Auch im Beispiel der Beurteilung der Lernbereitschaft bzw. des Leistungsverhaltens von Auszubildenden war es notwendig, die Beurteilungskriterien vorzugeben und explizit zu formulieren, damit eine vergleichende Beurteilung der Auszubildenden möglich wird. Bei Untersuchungen, die eher am Einzelfall interessiert sind, an Hintergründen von Antworten oder an individuellen Eigenheiten der Untersuchungseinheiten, ist die Standardisierung häufig aber hinderlich.

Standardisierte Befragungen werden oft als quantitativ bezeichnet, unstrukturierte Befragungen hingegen als qualitativ. Auf diese Unterscheidung von Forschungsrichtungen werden wir in Kapitel 8 eingehen.

Verständnisfrage:
36. Auf welche Aspekte bezieht sich die Standardisierung einer Befragung?

7.1.5 Gruppenbefragungen und Gruppendiskussionen

In den bisherigen Darstellungen wurde implizit davon ausgegangen, dass Einzelpersonen befragt werden. Je nach Forschungsgegenstand kann die gleichzeitige Befragung ganzer Gruppen eine sinnvolle Methode sein. Der Begriff der Gruppenbefragung wird unterschiedlich verwendet: Zum einen bezeichnet er eine Situation, in der mehrere Personen, z.B. die Mitarbeiter einer Abteilung, gemeinsam in einem Raum einen Fragebogen ausfüllen. Zum anderen sind mit Gruppenbefragungen Gruppendiskussionen gemeint, bei denen die befragten Personen miteinander interagieren (Schultz-Gambard/Bungard 1997: 116; Kühl/Strohdtholz 2002). Auf die Besonderheiten des mit der letzteren Begriffsbestimmung angesprochenen Befragungstyps gehen wir nun ein: Je nach Fragestellung und Informationsbedarf kann die bewusst in Kauf genommene Interaktion der Befragten sinnvoll zur Informationsgewinnung genutzt werden, indem sich die Befragten während der Kommunikation gegenseitig in der Erinnerung und Formulierung unterstützen (vgl. Mangold 1973: 230; Schultz-Gambard/Bungard 1997: 121). Natürlich kann aber auch gerade die jeweilige Gruppendynamik von Interesse sein oder das soziale Verhalten von Personen in einer Gruppe.

Klassische Anwendungsfelder dieser Methode im betrieblichen, personalwirtschaftlichen Kontext sind Gruppendiskussionen innerhalb des Assessment-Centers zwecks Personalbeurteilung oder -auswahl (vgl. Mangold 1973: 228 oder Jeserich 1991) sowie Gruppenbefragungen bzw. Gruppendiskussionen im Rahmen von Umstrukturierungsmaßnahmen, zur Evaluation personalwirtschaftlicher Instrumente oder zur Organisationsdiagnose. Forschungsgegenstand der Gruppenbefragung kann einerseits die gesamte Gruppe sein, wenn beispielsweise Gruppenmeinungen und Gruppeneinstellungen erfasst oder gruppendynamische Prozesse bzw. gruppenspezifische Konflikte analysiert werden. Andererseits können auch Meinungen, Einstellungen oder das Verhalten einzelner Akteure den Erkenntnisgegenstand bilden, die, so wird vermutet, gerade in der Diskussion mit anderen deutlicher und differenzierter gezeigt werden (Liebig/Nentwig-Gesemann 2002).

Ein Effekt der Gruppendiskussionen besteht darin, dass individuelle Äußerungen im Kontext der Gruppe zu einem stärkeren Commitment führen als bei Individualbefragungen (Schultz-Gambard/Bungard 1997: 118). Diese Auswirkung macht man sich häufig für die Steuerung betrieblicher Reorganisationsprozesse zunutze: Der Moderator der Diskussion hebt – z.B. durch Visualisierung – die gemeinsam entwickelten Ziele oder Problemlösungen hervor. Durch die „Öffentlichkeit" wird das Commitment, die Bindung an die eigene Aussage, erhöht. Wer in der Gruppe z.B. erklärt, dass es notwendig sei, die Kundenorientierung seiner Abteilung zu steigern, wird sich hieran stärker gebunden fühlen und seine eigene Forderung eher realisieren, als wenn er diese Erklärung nur vor einem einzigen Kollegen oder nur vor sich selbst abgäbe.

Probleme können sich bei der mündlichen Befragung von Gruppen ergeben, wenn es nicht gelingt, eine konstruktive Gruppenatmosphäre herzustellen und der Konformitätsdruck in der Gruppe so groß ist, dass individuelle Meinungsäußerungen beeinflusst werden oder sich nicht alle Personen im gleichen Umfang an der Befragung beteiligen. Je nach Erkenntnisinteresse können solche Effekte aber sogar Gegenstand der Erhebung sein: Individuelle Reaktionen auf eventuell entstehende Spannungen während der Gruppendiskussion oder das Schweigen während der gesamten Diskussion können bei der Personalauswahl als Indikatoren, beispielsweise für Sozialkompetenz, herangezogen werden. So werden bei Gruppendiskussionen im Rahmen eines Assessment-Centers weniger die Inhalte der Beiträge bewertet, als vielmehr die Art und Weise, wie die Teilnehmer ihre Argumente in die Diskussion einbringen, wessen Argumentation sich durchsetzt oder ob im Laufe des Gespräches ein Teilnehmer die Rolle des Gruppenleiters einnimmt (Jeserich 1991: 140). Begleiten Gruppenbefragungen Umstrukturierungsprozesse, sind zur Antizipation von Widerständen seitens der Mitarbeiter gerade die Wirkungen des Konformitätsdrucks innerhalb der Gruppe von Interesse.

Der Standardisierung bzw. Strukturierung der Gruppendiskussion durch den Forscher sind Grenzen gesetzt, da die vom Forscher gestellten Fragen oft dem Diskussionsverlauf angepasst und verändert werden müssen. Daher ist die Datenaufbereitung und -auswertung sehr aufwendig. Zudem werden an den Interviewer oder Diskussionsleiter von Gruppenbefragungen noch höhere Anforderungen gestellt als an den Interviewer einer Einzelbefragung. Aus diesem Grund empfiehlt sich der Einsatz von zumindest zwei Personen, die arbeitsteilig verfahren: Der eine übernimmt die Funktion der Diskussionsleitung, der andere die der Dokumentation der Aussagen. Visualisierungstechniken, wie z.B. eine schlagwortartige Darstellung wesentlicher Aussagen auf Kärtchen, die dann ggf. geordnet auf eine Pinnwand geheftet werden, können die Aufzeichnung der Gruppenbefragung erleichtern. Sie haben den Vorteil, dass die gesamte Gruppe darüber entscheidet, ob der Diskussionsverlauf korrekt dokumentiert wird (Prinzip der kommunikativen Validierung). Da in der Regel bei der Gruppenbefragung nicht nur die verbalen Äußerungen von Interesse sind, berührt diese Methode bereits die Beobachtung, die im folgenden Kapitel behandelt wird. Ein ausführliches Beispiel der Anwendung der Methode der Gruppenbefragung bzw. -diskussion finden Sie in Kapitel 8. Hier wird die Gruppendiskussion zur Evaluation einer Schulungsmaßnahme angewandt.

7.2 Beobachtung

Sicher besitzt die Befragung für die empirische Personalforschung eine herausragende Relevanz. Die Bedeutung der Beobachtung ist jedoch nicht zu unterschätzen. Man denke nur an Arbeitszeitstudien, im Rahmen derer ermittelt wird wie viel Zeit ein Arbeitsablauf im Durchschnitt in Anspruch nimmt, oder Elemente des Assessment-Center-Verfahrens, bei denen das Verhalten von Bewerbern oder Mitarbeitern in simulierten Situationen beobachtet wird. Beobachtungen sind unumgänglich, wenn Vorgesetzte das Arbeitsverhalten ihrer Mitarbeiter im konkreten Arbeitsgeschehen beurteilen wollen. Im Gegensatz zur Alltagsbeobachtung, wozu sicher auch das tägliche Beobachten der Leistung der Mitarbeiter durch deren Vorgesetzten gehört, zeichnet sich die wissenschaftliche Beobachtung durch die Systematisierung der Informationsgewinnung aus (Schnell/Hill/ Esser 1999: 358). Die Alltagsbeobachtung wird in der Regel unreflektiert vollzogen. In den seltensten Fällen wird sich der Vorgesetzte bei der Beobachtung seiner Mitarbeiter Gedanken über messtheoretische Gütekriterien machen. Daher müssen systematische Beurteilungsverfahren so aufgebaut sein, dass sie Messprobleme, d.h. in diesem Fall die willkürliche Selektion und Deutung von beobachteten Sachverhalten, minimieren.

Gegenstand der Beobachtung sind vornehmlich Verhalten und soziale Merkmale von Personen (Diekmann 2003: 456), aber auch der Kontext, innerhalb dessen sie agieren und interagieren. Je nach Informationsbedarf können unterschiedliche Aspekte als relevant erachtet werden: verbale und nonverbale Kommunikation, Schweigen, Interaktion mit anderen Personen, Bewegungsabläufe, Kleidung, Symbole oder Spuren von Verhalten (vgl. hierzu Kapitel 7.3 Nonreaktive Verfahren). Vor dem Hintergrund des Informationsbedarfes ist eine Relevanz- bzw. Selektionsentscheidung zu treffen, mit der immer eine Interpretationsleistung verbunden ist. Nicht jeder Aspekt des Verhaltens ist für jede Untersuchung von Belang. Bei der Beobachtung wird dem Beobachteten stets ein subjektiver Sinn oder eine soziale Bedeutung zugeschrieben. Ohne diese

Sinn-Zuschreibung wäre die Beobachtung irrelevant. Erst hierdurch wird das Beobachtete zu einem Indikator für eine bestimmte Variable. Die Güte der Beobachtung ist somit durch die Grenzen der Wahrnehmung einerseits und durch die mit der Relevanz- bzw. Selektionsentscheidung verbundene Interpretationsleistung andererseits determiniert.

Ein Beispiel: In einem Assessment-Center werden wir nicht jeden Verhaltensaspekt beobachten können. Wir müssen uns also genau überlegen, welche Aspekte wir herausgreifen wollen. Zudem müssen wir überlegen, was wir mit bestimmten Ausprägungen des Verhaltens messen wollen: Ist es z.B. ein Indikator für aktuelle oder generelle Nervosität, wenn jemand in der Diskussion ständig mit seinem Kugelschreiber spielt? Ist es ein Indiz für Sozialkompetenz, wenn jemand während einer Gruppendiskussion spontan die Rolle eines Moderators einnimmt? Das heißt, bei einer systematischen Beobachtung müssen Messhypothesen, also Aussagen über die Verbindung von Indikatoren und dem zu messenden Konstrukt (vgl. Kapitel 4.1), entweder bereits im Vorfeld der Erhebung oder bei der Analyse des Beobachteten zutreffen. Nun wissen wir genug, um die folgende recht abstrakte Definition von Beobachtung zu verstehen und inhaltlich auszufüllen: Wissenschaftliche Beobachtung ist definiert als die systematische Auswahl, Protokollierung und Kodierung von Merkmalen und Objekten in bestimmten Situationen.

7.2.1 Standardisierung bzw. Strukturierung der Beobachtung

Ähnlich wie bei der Befragung wird zwischen strukturierter, halb strukturierter und gering strukturierter Beobachtung unterschieden (vgl. z.B. Schnell/Hill/Esser 1999: 360), ebenso zwischen standardisierter, halb standardisierter und freier Beobachtung (vgl. z.B. Bortz/Döring 2002: 270). Die Begriffe der Standardisierung und Strukturierung werden bei diesen Klassifizierungen synonym benutzt und kennzeichnen den Zeitpunkt, zu dem die oben beschriebenen Relevanz- und Selektionsentscheidungen getroffen, bzw. Messhypothesen eingeführt werden.

Bei *der strukturierten bzw. standardisierten Beobachtung* wird vor der eigentlichen Beobachtung ein detaillierter Beobachtungsplan erstellt, aus dem genau hervorgeht, welche Aspekte zu beobachten sind, unter welche

Kategorien die Beobachtungen zu fassen sind und wie sie zu protokollieren sind.

Ist das vorgegebene Beobachtungsschema nicht so detailliert, werden beispielsweise lediglich offene Kategorien oder allgemeine Fragen angegeben, die die Aufmerksamkeit des Beobachters lenken sollen, handelt es sich um eine *halb strukturierte bzw. -standardisierte Beobachtung.*

Bei der *freien bzw. gering strukturierten Beobachtung* wird auf die Vorgabe von Beobachtungsregeln oder Klassifikationsschemata gänzlich verzichtet. Die Entscheidung, welche Verhaltensaspekte relevant und wie sie zu interpretieren sind, wird erst bei der Beobachtung selbst getroffen. Eine solche Vorgehensweise bietet sich v.a. an, wenn sich die Bedeutung der Verhaltensweisen nur aus dem unmittelbaren Kontext erschließen lässt und eine schematische Anwendung von Beobachtungsregeln die Interpretation eher verfälschen würde.

7.2.2 Einflussnahme des Forschers

In Hinblick auf die potenzielle Einflussnahme seitens des Forschers bzw. des Beobachters auf die beobachteten Verhaltensweisen unterscheidet man einerseits zwischen teilnehmender und nicht teilnehmender, andererseits zwischen offener und verdeckter Beobachtung.

Um eine *teilnehmende Beobachtung* handelt es sich, „wenn der Beobachter selbst Teil des zu beobachtenden Geschehens ist, wenn er also seine Beobachtungen nicht als Außenstehender macht" (Bortz/Döring 2002: 267). Interagiert der Beobachter hingegen nicht mit den Beobachteten, handelt es sich um eine *nicht teilnehmende Beobachtung.* Je nach Untersuchungszweck kann die Interaktion zweckdienlich oder hinderlich sein. Sie bewirkt unter Umständen eine Verhaltensbeeinflussung, die einerseits bestimmte Verhaltensaspekte vielleicht überhaupt erst in Erscheinung treten lässt und somit beobachtbar macht, sie kann andererseits aber auch die Handlungen der Beobachteten so stark lenken, dass sie nicht mehr charakteristisch für sie sind. Ein mögliches Problem bei der teilnehmenden Beobachtung ist zudem die Doppelbelastung des Forschers, die die Güte der Informationsgewinnung beeinträchtigen kann: Einerseits muss er am Geschehen teilnehmen, andererseits hat er die Aufgabe der systematischen Informationsaufnahme. Da er aber hierdurch die Hintergründe des beobachteten Verhaltens besser einzuschätzen vermag, kann die Teilnahme auch vorteilhaft sein.

Die Unterscheidung zwischen *offener und verdeckter Beobachtung* betrifft das Bewusstsein der beobachteten Personen über die Beobachtungssituation. Im Gegensatz zur offenen Beobachtung wissen die beobachteten Personen bei der verdeckten Beobachtung nicht von der Erforschung ihres Verhaltens. Die Hawthorne-Studien sind sicherlich das bekannteste Beispiel dafür, dass das Wissen der Beforschten, dass sie Gegenstand einer Untersuchung sind, einen verzerrenden Einfluss auf die gewonnenen Ergebnisse haben kann (vgl. Bungard/Lück 1995: 199): Bei den Hawthorne-Experimenten sollte der Einfluss von Arbeitsbedingungen auf die Mitarbeiterleistung untersucht werden. Es zeigte sich, dass nicht die Veränderung der äußeren physischen Bedingungen des Arbeitsplatzes den beobachteten Anstieg der Leistung bewirkte, sondern vielmehr die Anwesenheit und das Interesse der Forscher die Aktionen der untersuchten Mitarbeiterinnen beeinflusste (Kieser 2001: 109ff). Nicht immer wird dieses Bewusstsein der Probanden aber als problematisch angesehen. Die Assessment-Center-Methode geht beispielsweise davon aus, dass eine unverfälschte Beurteilung der Teilnehmer trotz der Offensichtlichkeit der Untersuchungssituation gewährleistet ist.

Sowohl die teilnehmende als auch die nicht teilnehmende Beobachtung kann verdeckt oder offen durchgeführt werden. Es ergeben sich bei Kombination der beiden Unterscheidungskategorien somit vier Beobachtungstypen, für die jeweils ein Beispiel genannt werden soll:

	teilnehmende Beobachtung	nicht teilnehmende Beobachtung
offene Beobachtung	Beurteilung des Verhaltens des Mitarbeiters durch den Vorgesetzten	Beobachtung eines Rollenspiels im Rahmen eines Assessment-Centers
verdeckte Beobachtung	Anonyme Testkäufer beurteilen die Beratung durch den Verkäufer	Aufzeichnen von Tätigkeiten mit einer versteckten Kamera

Übersicht 19: Beobachtungstypen

Werden nicht die Verhaltensweisen oder sozialen Merkmale selbst, sondern Spuren, Produkte bzw. Indizien des Verhaltens beobachtet, spricht man von indirekter Beobachtung. Ein Beispiel für solche Verhaltensspuren sind Vermerke auf Umlaufmappen. Sie indizieren Kontakte zwischen den entsprechenden Personen und können zur Analyse betrieblicher Kommunikationsstrukturen herangezogen werden. Da man bei der indirekten Beobachtung die Informationen im Anschluss an das relevante Verhalten erhebt, kommt es auch nicht zu einer Interaktion zwischen Beobachter und Beobachteten. Die Datenerhebung selbst kann also – wie auch bei der nicht teilnehmenden, verdeckten Beobachtung – keine Reaktionen bei den beobachteten Personen auslösen. Die nicht teilnehmende, verdeckte Beobachtung und die indirekte Beobachtung zählen daher zu den nonreaktiven Verfahren. Was hierunter zu verstehen ist, wird im folgenden Kapitel erläutert. Dort finden sich auch weitere Beispiele der indirekten und verdeckten Beobachtung.

Verständnisfragen

38. Was kann der Gegenstand von Beobachtungen sein?

39. Worin besteht der Unterschied zwischen einer strukturierten und einer gering strukturierten Beobachtung?

7.3 Nonreaktive Verfahren

„*Reaktiv* heißt, dass nicht kontrollierte Merkmale des Messinstruments, des Anwenders des Messinstruments (...) oder der Untersuchungssituation das Ergebnis der Messung systematisch beeinflussen können" (Diekmann 2003: 520). Datenerhebungsverfahren, die solche Veränderungen des zu Messenden durch den Messvorgang bewusst auszuschließen versuchen, werden als nonreaktive Verfahren bezeichnet.

Als Ursachen der *Reaktivität* der Datengewinnung werden verschiedene Aspekte angesehen. Wir haben bereits darauf verwiesen, dass bei der betrieblichen Personalforschung Interessen der am Forschungsprozess Beteiligten zum Teil unmittelbar berührt werden. Die betriebliche Personalforschung ist stärker in ein Netz gegenseitiger Abhängigkeiten und gegenseitigen Vertrauens oder Misstrauens eingebunden als andere Bereiche der Sozialforschung, die nicht eine bestimmte Organisation oder

Organisationsstrukturen zum Forschungsgegenstand haben (vgl. Mayr-hofer 1993: 30). Das Wissen von der Erhebungssituation kann dazu füh-ren, dass Probanden eine bewusste oder unbewusste Auswahl bestimmter, als angebracht empfundener Verhaltensweisen oder Antworten treffen (vgl. Albrecht 1975: 14). Dies ist um so wahrscheinlicher, je höher die untersuchten Personen die Möglichkeit einschätzen, dass sich aus ihrem Verhalten Konsequenzen ergeben und je schwerwiegender sie diese Kon-sequenzen – im positiven wie im negativen Sinne – einschätzen (Esser 1986). Weitere mögliche Ursachen von Reaktivität sind die Forscher-Probanden-Interaktion sowie die Veränderung des originären Kontextes durch eine künstliche Untersuchungssituation.

Die Anwendungen der oben behandelten Datenerhebungsverfahren der Befragung und Beobachtung kann solche Reaktivitätseffekte hervorrufen. Bei der Befragung bewirken eventuell die Art der Frageformulierung oder die Reihenfolge der Fragestellung sowie das Verhalten des Interviewers entsprechende Artefakte, also „künstlich", durch die Messung beein-flusste oder gar dadurch erst erzeugte Ergebnisse. Vergleichbare Effekte können sich bei der offenen, teilnehmenden Beobachtung ergeben. Die Reaktivität durch die Interaktion bei der Beobachtung wird jedoch als nicht so gravierend eingeschätzt, da die Aufmerksamkeit nicht im glei-chen Ausmaß auf den Beobachter gelenkt ist wie bei einer mündlichen Befragung auf den Interviewer (vgl. Schnell/Hill /Esser 1999: 3370f.).

Mit nonreaktiven Methoden versucht man diese Art der Informationsver-zerrung zu vermeiden (vgl. Mayrhofer 1993: 15), indem man

- die *Künstlichkeit* der Erhebungssituation *reduziert*,

- die direkte, bewusste *Interaktion* zwischen Forscher und Untersuchten auflöst oder

- die *Probanden nicht* über die Erhebungssituation oder den eigentli-chen Zweck der Untersuchung *informiert*.

Man unterscheidet folgende, ethisch und rechtlich teilweise sehr bedenk-liche Methoden:

- *Analyse physischer Spuren (indirekte Beobachtung):* Durch Verhalten hervorgerufene Veränderungen (Spuren) der Umwelt werden als Indi-kator genutzt. Solche Veränderungen können sich in Form von Abnutzungs- oder Ablagerungseffekten äußern. Die Reaktivität wird ausgeschlossen, da die Daten erst nach dem relevanten Verhalten erhoben werden. Ein Beispiel: Wenn man untersuchen will, ob sich Arbeitnehmer an die Arbeitssicherheitsvorschriften achten, könnte man z.B. zählen, wie viel Arbeitshandschuhe pro Arbeitnehmer pro Monat verbraucht wurden. Wir sehen an diesem Beispiel, dass die Reliabilität der Messung auch von der Geltung der Annahme abhängt, dass die Beschäftigten die Arbeitshandschuhe tatsächlich für die Arbeit nutzen und nicht mit nach Hause nehmen.

- *Nonreaktive Beobachtung:* Die nicht teilnehmende oder auch verdeckt teilnehmende Beobachtung kann als nonreaktiv bezeichnet werden: Die Forscher-Probanden-Interaktion wird ausgeschlossen, die beobachteten Personen agieren in ihrem normalen Umfeld oder wissen nichts von der Datenerhebungssituation, ihr Verhalten wird daher nicht durch die Methode beeinflusst. Auch hier ein Beispiel: Man könnte die Loyalität von Mitarbeitern dadurch messen, indem man ihre Reaktionen auf Job-Angebote von Personalvermittlern (headhunter) erfassen wobei die headhunter ebenso wie die Angebote rein fiktiv sind. Wer dann Bereitschaft zeigt, ein alternatives Job-Angebot anzunehmen, dem schreibt man dann eine geringe Loyalität gegenüber seinem jetzigen Unternehmen zu.

- *Dokumentenanalyse:* Werden aufgezeichnete Informationen analysiert, kann davon ausgegangen werden, dass sich die Verfasser dieser Dokumente der Möglichkeit einer nachträglichen Auswertung nicht bewusst waren. Eine Forscher-Probanden-Interaktion findet nicht statt. Dies ist z.B. der Fall, wenn man Arbeitnehmer nicht direkt nach der Verteilung der Fehlzeiten auf bestimmte Tage (etwa an den „Randtagen" zum Wochenende oder vor und nach Feiertagen) oder Wochen (vor und nach dem Urlaub) befragt, sondern die Personalakten auf solche Fehlzeitenmuster hin analysiert. Spätestens an dieser Stelle sehen wir die ethische, aber auch rechtliche Problematik solcher Verfahren – gerade weil sie die Reaktivität reduzieren, verringern sie auch Einfluss- und Mitbestimmungsmöglichkeiten der betroffenen Arbeitnehmer.

Mögliche personalwirtschaftliche Anwendungsfelder der nonreaktiven Verfahren finden sich in Übersicht 20.

Methode/Indikator	Erfasster Sachverhalt
Physische Spuren *(indirekte Beobachtung)*	
• Zahl der ausgegebenen Arbeitssicherheits"instrumente" (z.B. Handschuhe, Ohrenstöpsel)	• Sicherheitsverhalten der Arbeitnehmer
• "Eselsohren" und andere Abnutzungserscheinungen in Handbüchern	• Nutzung von betrieblichen Informationen
• Graffiti	• (Un-)Zufriedenheit mit bestimmten Aspekten der Unternehmung und der Arbeit
• Zahl der getrunkenen Flaschen Alkohol im Müll	• Alkoholmissbrauch im Unternehmen
Nonreaktive Beobachtung *(verdeckte Beobachtung)*	
• Nutzung von PCs und Programmen, Serverzugriffe	• Akzeptanz neuer Technologien
• Tonerverbrauch bei Druckern	• Anzahl der produzierten Dokumente
• Informanten ("agent provocateur"), die die Beobachteten zu Äußerungen provozieren	• Zufriedenheit mit Einführungsveranstaltungen, Weiterbildungsprogrammen
• Fingierte Störfälle / Telefonanrufe bei der "Hotline"	• Dauer, Qualität der Schadensbehebung, Qualität des Service, Kundenfreundlichkeit
• Fingierte Anrufe eines "Headhunters"	• Identifikation mit der Firma, Loyalität der Arbeitnehmer
Dokumentenanalyse	
• Fehlzeitenstatistik	• Arbeitszufriedenheit
• Analyse der Umlaufmappenaufschriften, E-Mails, Briefe etc.	• Kommunikationsverhalten in und zwischen Abteilungen
• Analyse der Personalakten	• Fehlzeiten"muster"
• Analyse von offiziellen Mitteilungen des Unternehmens	• Unternehmenskultur

Übersicht 20: Beispiele nonreaktiver Verfahren der Personalforschung (zusammengestellt nach Mayrhofer 1993)

Nonreaktive Indikatoren sind in ihrer Anwendung begrenzt und erfordern zum Teil „gewagte" Messhypothesen. Dies gilt insbesondere für die Messung von Einstellungen und Motiven. Die Fehlzeitenstatistik ist z.B. ein ungeeigneter Indikator für die Arbeitszufriedenheit, wenn die Fehlzeiten in Wirklichkeit durch Arbeitsunfälle verursacht werden (vgl. zum geringen Zusammenhang zwischen Zufriedenheit und Fehlzeiten Neuberger 1974b). Einmal mehr lässt sich in Hinblick auf die Wahl des adäquaten Datenerhebungsverfahrens nur die allgemeine Empfehlung geben: Inwieweit es notwendig ist, Reaktivitätseffekte auszuschließen, muss je nach Informationsbedarf und Situation entschieden werden. Zudem, das haben wir bereits erwähnt, sind einige der nonreaktiven Verfahren ethisch und rechtlich äußerst bedenklich. Auf diesen Aspekt gehen wir in Kapitel 11 „Personalforschung als umkämpftes Gebiet ...") noch einmal ausführlich ein.

Verständnisfrage:

40. Nehmen Sie zu folgender Aussage Stellung: Die Anwendung nonreaktiver Verfahren in der betrieblichen Personalforschung kann negative Auswirkungen auf die Motivation bzw. die Wirksamkeit des Personals haben.

7.4   Inhaltsanalyse

Ein weiteres Datenerhebungsverfahren ist die Inhaltsanalyse. Sie ist definiert als die systematische Erhebung und Auswertung von Texten, Bildern und Filmen (Diekmann 2003: 481). Das Verfahren der Inhaltsanalyse ist nicht nur als Datenerhebungsverfahren zu interpretieren, sondern kann auch als Analyseverfahren für bereits erhobene Daten aufgefasst werden: Inhaltsanalytisch können bestimmte Dokumente wie beispielsweise Sitzungsprotokolle, Werbebroschüren oder -filme oder Führungsleitsätze ausgewertet werden, die von ihren Verfassern mit einer bestimmten Absicht erstellt wurden und die in der Regel nicht wussten, dass ihre Medien Gegenstand einer Untersuchung sein würden. Daneben können aber auch Bewerbungsunterlagen, Antworten auf offene Fragen, Beobachtungsprotokolle oder die Dokumentation einer Gruppendiskussion inhaltsanalytisch aufgearbeitet werden. Hier steht die datenanalytische Dimension im Vordergrund. Die Inhaltsanalyse dient dann dazu, die

Komplexität der Informationen zu reduzieren. Hierzu werden Textpassagen oder Ausdrücke allgemeinen Kategorien zugeordnet, die die fraglichen Dokumente hinreichend charakterisieren.

Im Gegensatz zur Beobachtung sind bei der Inhaltsanalyse nicht einmalige, zeitlich begrenzte soziale Interaktionen, Verhaltensweisen oder soziale Merkmale Forschungsgegenstand, sondern gespeicherte bzw. in „stabilen Medien" konservierte Phänomene. Sie bietet daher den Vorteil, dass sie mehrmals durchgeführt werden kann, ohne dass das Untersuchungsobjekt hiervon beeinflusst wird; mit Hilfe der Inhaltsanalyse lassen sich zudem vergangenheitsbezogene Daten analysieren. Wie bei allen Verfahren sind aus dem Universum der Informationen diejenigen auszusuchen, die für die Fragestellung relevant sind. Zudem müssen Interpretationen vorgenommen werden, um zu erschließen, welche Bedeutung die betrachteten Phänomene haben. Die Wissenschaftlichkeit und die Güte der Informationsgewinnung (d.h. Validität, Reliabilität und Objektivität) der Verfahren sind durch die Systematik und Regelhaftigkeit dieser Relevanz- und Interpretationsentscheidungen bestimmt. Sie sollten stets offen gelegt und damit der eigenen und fremden Reflexion zugänglich gemacht werden.

Verfahren der Inhaltsanalyse

Inhaltsanalytische Auswertung offener Fragen

Ein Unternehmen führt regelmäßig eine Evaluation einer bestimmten Weiterbildungsmaßnahme durch. Die Teilnehmer füllen am Ende des Kurses einen Fragebogen aus, in dem sie die Lehrinhalte, den Trainer, die eingesetzten Medien usw. bewerten. Der Fragebogen enthält – neben geschlossenen Fragen – zum Schluss auch eine offene Frage: „Was fanden Sie besonders negativ oder positiv an der Weiterbildungsmaßnahme?

Die Antworten auf diese Frage sind, so wollen wir annehmen, teilweise sehr umfassend. Sicher lesen Sie sich die Antworten durch, aber wie können Sie die Äußerungen der – sagen wir 100 – Teilnehmer *systematisch* auswerten?

Die unterschiedlichen Verfahren der Inhaltsanalyse (vgl. Kromrey 1998: 320; Schnell/Hill/Esser 1999: 375) sollen an dem obigen kleinen Beispiel verdeutlicht werden.

Zunächst ist zu entscheiden, ob vor der Auswertung bestimmte *Kategorien* festgelegt werden sollen, die dazu dienen, die Aussagen der Teilnehmer einzuordnen, oder ob die Kategorien aus den vorhandenen Aussagen induktiv entwickelt werden sollen, indem man die Statements sortiert und gruppiert. Die beiden Vorgehensweisen lassen sich auch kombinieren: Man entwickelt zunächst ein grobes Kategoriensystem und ergänzt und modifiziert es im Laufe der Analyse.

Man differenziert zwischen folgenden vier Verfahren der Inhaltsanalyse:

• Bei der *Frequenzanalyse oder Häufigkeitsanalyse* zählt man lediglich aus, wie häufig bestimmte Aspekte genannt werden. Man zählt also z.b.: Unzufriedenheit mit dem „schulmeisterhaften" Verhalten des Trainers (10mal genannt), zu wenig Praxisbeispiele (40mal genannt), gute Praxisbeispiele (45mal genannt), schlechte Raumbeleuchtung (30mal genannt), schlechter/zu straffer Zeitplan (5mal genannt), guter/straffer Zeitplan (7mal genannt) usw. Man sieht an dem Beispiel, dass eine Gruppierung oder Kategorisierung der Aussagen bei vielen Antworten unumgänglich ist: In unserem Beispiel haben wir 100 Teilnehmer angenommen, von denen die meisten auch Aussagen formuliert haben. Es wäre zwar prinzipiell möglich, jede einzelne Aussage für sich als Zitat anzuführen, aber dadurch entsteht kein „Gesamtbild" der Aussagen. Außerdem wird nicht jeder Teilnehmer z.B. seine Unzufriedenheit mit dem Trainer auf dieselbe Art und Weise direkt formulieren; manche werden sich vielleicht etwas umständlich ausdrücken oder ihre negative Haltung lieber indirekt formulieren. Man muss sich daher genau überlegen, welche Äußerungen man z.B. in die Kategorie „Verhalten des Trainers" oder andere Kategorien wie „Praxisbeispiele", „Raum", „Zeitplan" einordnen will. Bei der Frequenzanalyse in unserem Beispiel sehen wir, dass die Praxisbeispiele am häufigsten erwähnt werden (85 Nennungen), der Raum wird 30mal erwähnt, die Zeitplanung 12mal und das Verhalten des Trainers 10mal. Als (vorsichtige) Schlussfolgerung könnten wir festhalten, dass Praxisbeispiele für die Teilnehmer einen relativ wichtigen Aspekt darstellen. Allerdings berücksichtigt die Frequenzanalyse nicht die Wertungen der Teilnehmer, und diese sind für uns mindestens ebenso interessant wie die relative Verteilung der Äußerungen.

- Bei der *Valenzanalyse* wird zusätzlich zu den Häufigkeiten berücksichtigt, welche Wertung mit einer bestimmten Äußerung getroffen wurde. Nicht immer wird man so klare Äußerungen erhalten wie: „Der Zeitplan war schlecht, d.h. zu straff"; hier steht außer Frage, dass es sich um eine negative Bewertung handelt. Die Aussage: „Der Trainer ist ironisch" kann dagegen sowohl eine positive als auch negative Bewertung beinhalten. Man muss also bei der Valenzanalyse eine Aussage nicht nur einer bestimmten Kategorie zuordnen, sondern zusätzlich anhand bestimmter Formulierungen oder Begriffe erschließen, ob die Bemerkung eine positive oder negative Bewertung darstellt.

- Wird darüber hinaus die Intensität der Bewertung berücksichtigt, handelt es sich um eine *Intensitätsanalyse*. Die Aussagen „Der Zeitplan war schlecht, d.h. gelegentlich zu straff" und „Der Zeitplan war schlecht, d.h. immer viel zu straff" unterscheiden sich in der Intensität der negativen Bewertung. Man entwickelt deshalb Ratingskalen, auf denen man die Intensität, also die Stärke der Bewertung einzuschätzen und zu quantifizieren versucht.

- Bei der *Kontingenzanalyse* wird ermittelt, ob und wie oft ein bestimmter Aspekt im Zusammenhang mit anderen genannt wird. Oben haben wir bereits erwähnt, dass die Bedeutung vieler Äußerungen nur aus ihrem Zusammenhang mit anderen Aussagen erschlossen werden kann. Wenn z.B. die Ironie des Trainers immer im Zusammenhang mit seinem schulmeisterhaften Verhalten erwähnt wird, ist dies ein Indiz dafür, dass die Ironie eher negativ bewertet wird.

8 Quantitative und/oder qualitative Forschung?

Seit vielen Jahren wird der Gegensatz, neuerdings stärker auch die Vereinbarkeit, zwischen qualitativer und quantitativer Forschung diskutiert. Was ist mit qualitativer Forschung gemeint? Nehmen wir als Beispiel ein Personalauswahlverfahren: Üblicherweise werden in der Vorauswahlphase auch die Anschreiben der Bewerberinnen und Bewerber zur Information herangezogen, um hieraus Aufschlüsse über sprachliche Ausdrucksfähigkeit, Sorgfalt, Strukturierungsvermögen sowie die Art der Selbstdarstellung der Bewerber zu bekommen (Schuler 2000: 81). Man geht hier meist intuitiv vor und folgt dabei einem ähnlichen „Analyseverfahren", wie es in der qualitativen Forschung – dort allerdings reflektiert und kontrolliert – eingesetzt wird. Man verwendet in der Regel keine explizite Skala zur Messung der sprachlichen Ausdrucksfähigkeit, und man legt auch nicht für jeden Bewerber einen zahlenmäßigen Skalenwert fest. Vielmehr geht man „ganzheitlich", interpretierend vor, man liest auch „zwischen den Zeilen", achtet auf Zwischentöne und kommt zu einem komplexen Gesamtbild. Allerdings entsteht nun das Problem, wie man die – sagen wir 20 – Bewerber und Bewerberinnen in eine Rangreihe bringen kann, um die am wenigsten geeigneten nicht weiter zu berücksichtigen. Wie gesagt: Die Zuordnung von Skalenwerten ist bei dieser ganzheitlich-interpretierenden Vorgehensweise nicht vorgesehen.

Mit dieser hauptsächlich didaktisch begründeten Analogie zwischen einer mehr intuitiven Analyse von Bewerbungsschreiben einerseits und qualitativer Forschung andererseits wird man dem „qualitativen Paradigma" allerdings nicht gerecht, denn es gibt mittlerweile Ansätze qualitativer Forschung, die sehr viel stärker als in diesem Beispiel methodisch kontrolliert vorgehen und damit die Analyse transparent und nachvollziehbar machen.

Wichtige Unterschiede zwischen qualitativer und quantitativer Forschung sind in Übersicht 21 zusammengestellt (zu ähnlichen Übersichten vgl. Bortz/Döring 2002: Kapitel 5; Gill/Johnson 1997: 37; vgl. ähnlich Lamnek 1995, Spöhring 1989, Flick 2000).

Quantitative Forschung	Qualitative Forschung
Wissenschaftstheoretische Basisannahmen:	*Wissenschaftstheoretische Basisannahmen:*
Nomothetisch: Unterstellt „Gesetzmäßigkeiten" im sozialen Bereich; an allgemeinen Theorien interessiert	*Ideographisch:* Unterstellt keine „Gesetzmäßigkeiten" im sozialen Bereich; ist weniger an allgemeinen Theorien, sondern am Einzelfall interessiert
Deduktiv-explanativ: Prüft Theorien anhand von Daten; erklärt mit Hilfe von Theorien (erst Hypothesenbildung, dann Hypothesentest)	*Induktiv-explorativ:* Entwickelt aus Daten „Theorien" (Offenheit für neue Hypothesen im gesamten Forschungsprozess)
Basisannahmen über die Relation zwischen Forscher und Erforschten:	*Basisannahmen über die Relation zwischen Forscher und Erforschten:*
Große Distanz des Forschers zu den Erforschten;	Geringe Distanz des Forscher zu den Erforschten;
tendenziell keine Partizipation der Erforschten;	Partizipation der Erforschten;
die soziale Interaktion im Forschungsprozess wird kaum methodisch zu berücksichtigen versucht	die soziale Interaktion im Forschungsprozess wird methodisch zu berücksichtigen versucht
Methodische Basisannahmen:	*Methodische Basisannahmen:*
Daten sind Zahlen;	Daten sind Texte;
an großen Fallzahlen (repräsentativen Stichproben) interessiert;	an kleinen Fallzahlen interessiert;
Messen, Intervallskalierung; statistische Analysen, explizierte Typologien	Beschreibungen, keine Intervall-, sondern allenfalls Ordinalskalen, meist keine statistische Analysen; nicht explizierte Typologien

Übersicht 21: Wichtige Unterschiede zwischen quantitativer und qualitativer Forschung

Am wichtigsten und kaum voneinander zu trennen sind die Unterschiede hinsichtlich der wissenschaftstheoretischen Basisannahmen sowie der Basisannahmen über die Relation zwischen Forscher und Erforschten: Forscher und Forscherinnen, die der quantitativen Richtung zuneigen, unterstellen, dass es soziale Gesetzmäßigkeiten gibt, z.b. allgemeine Gesetze des Verhaltens, wie sie die Wert-Erwartungs-Theorie annimmt. Diese Theorie besagt, dass für alle Menschen zu allen Zeiten gilt: Eine Handlungsalternative wird um so eher gewählt, je größer der Erwartungswert (der vermutete Nettonutzen) ist. Qualitative Forscher sind dagegen eher der Auffassung, dass solche Gesetzmäßigkeiten nicht existieren, sondern dass allenfalls soziale Regelmäßigkeiten im Verhalten bzw. Handeln vorzufinden sind. Der qualitativen Richtung zuneigende Forscher sind außerdem stärker am Einzelfall, an den subjektiven Deutungen und Vorstellungen von Menschen interessiert als an Durchschnittswerten auf der Basis großer Fallzahlen. Auch die Art und Weise, wie man Theorien entwickelt und Hypothesen prüft, unterscheidet sich in den beiden Forschungsrichtungen: Quantitativ arbeitende Wissenschaftler wollen eher deduktiv-explanativ, d.h. vom Allgemeinen zum Besonderen vorgehend, nach Erklärungen suchen: Der Weg besteht darin, zunächst möglichst allgemeine Theorien zu entwickeln, Hypothesen abzuleiten, diese mit empirischen Daten zu konfrontieren und dann zu verwerfen oder als vorläufig bestätigt anzusehen (die Forschungspraxis sieht häufig anders aus, aber so ist die idealtypische Vorstellung). Nicht widerlegte Hypothesen bestätigen die Theorie. In der qualitativen Forschung versucht man dagegen überwiegend, bereichsspezifische Hypothesen aus dem Datenmaterial zu entwickeln. Qualitativ arbeitende Forscherinnen und Forscher sind während des ganzen Forschungsprozesses bereit, ihre Hypothesen so lange zu verändern, bis diese möglichst gut zu dem Datenmaterial passen.

Für viele qualitative Forscher ist die Relation zwischen Forscher und Erforschten ein besonders wichtiger Punkt: Sie kritisieren, dass im Rahmen der quantitativen Forschung die Erforschten distanziert als Objekte behandelt werden; die Beforschten hätten kaum Möglichkeiten, ihre Vorstellungen über die Art der Datenerhebung, über die Formulierung von Untersuchungsfragen oder von Fragen im Interview usw. einzubringen. Letztlich käme es zu einem Nichtverstehen und zu Forschungsresultaten, die wenig aussagten. Als ein Ausweg wird die weitgehende Partizipation der Erforschten angesehen: Die Betroffenen sollen schon bei der Konzipierung, aber auch bei der Interpretation und Verwendung der Daten einbezogen werden (vgl. auch Moser 1995).

Diese Unterschiede haben forschungsmethodische Konsequenzen: Qualitative Forscher verwenden als Daten in der Regel Texte, wobei der Textbegriff recht weit gefasst ist: Texte sind z.B. per Tonband aufgezeichnete oder verschriftlichte, unstrukturierte Interviews, Antworten auf offene Fragen bei schriftlichen Befragungen, Briefe, Tagebücher, auch Fotos, Aufzeichnungen über Beobachtungen usw. Zwar würde auch der quantitative Forscher solche Texte durchaus verwenden, er würde aber versuchen, die in den Texten aufgefundenen Informationen zu quantifizieren. Der qualitativ arbeitende Wissenschaftler strebt dies nicht (oder eher selten) an. Er verwendet meist keine Skalen, allenfalls Ordinal- oder Nominalskalen, sondern zielt eher auf die Entwicklung von komplexen Typologien ab, die in der Regel nicht expliziert sind, d.h. es werden nicht alle Dimensionen festgelegt. Normalerweise ist der quantitativ arbeitende Forscher mehr an großen, repräsentativen Stichproben und statistischen Verallgemeinerungen interessiert als sein „Gegenpart", dessen Erkenntnisinteresse eher auf den Einzelfall abzielt (vgl. zu einem Plädoyer für eine qualitative Personalforschung Osterloh/Tiemann 1993). Mindestens ein Argument für eine genauere Analyse einzelner Fälle ist unserer Meinung nach sehr überzeugend: Recht schnell ist man in der quantitativen Forschung bereit, aus einer Korrelation auf einen tatsächlichen Zusammenhang zu schließen – wohin dies führen kann, zeigt das von uns oben herangezogene Beispiel der Korrelation zwischen der Anzahl von Störchen und der Geburtenhäufigkeit. In diesem Fall wissen wir, dass die Korrelation nichts über einen kausalen Zusammenhang sagt. Wir wissen dies, weil wir eben einzelne Fälle kennen (oder bestimmtes biologisches Wissen – Theorien – akzeptieren)! Zumindest würden wir durch eine Einzelfallstudie, d.h. durch die intensive Analyse des Geschehens bei einer Geburt oder auch durch eine Untersuchung der Aktivitäten eines Storches, feststellen, dass die Korrelation nur eine scheinbare ist (vgl. zu diesem Beispiel Mayring 2003: 14ff.). Vor allem dann, wenn wir in einem Bereich über wenig bzw. unsicheres Wissen verfügen, ist das Studium von Einzelfällen nicht nur zur Ergänzung von quantitativen Untersuchungen äußerst sinnvoll.

Nun sind die in Übersicht 21 getroffenen Unterscheidungen sehr idealtypisch und nicht unproblematisch. Es gibt „zahlenorientierte" Forscher, die durchaus für die Partizipation der Betroffenen plädieren und die Kritik der qualitativen Richtung an der Verobjektivierung der Subjekte voll teilen – ohne sich aber gleich für eine völlig andere Methodologie zu entscheiden. Ebenso gibt es Forschungsprojekte, die sich qualitativer Erhebungs- und Auswertungsmethoden (z.B. gering strukturierter Interviews) bedienen und dabei die beforschten Menschen besonders stark zu Objekten degradieren und für ihre Zwecke instrumentalisieren: Die betriebliche Personalforschung, die vorrangig an der Arbeitsleistung der Beschäftigten interessiert ist – und nicht am „ganzen Menschen" –, instrumentalisiert die Arbeitnehmer häufig in diesem Sinne. Nur: Auch wenn dies so ist, wird hierdurch aus qualitativer Forschung noch keine „nichtqualitative" – die Bezeichnung „quantitativ" wäre jedenfalls nicht treffend. Wir wollen hier diese Diskussion nicht weiter fortsetzen, sondern der Einfachheit halber festlegen, dass qualitative Forschung lediglich durch die Forschungsmethode gekennzeichnet ist: durch eine kaum quantifizierende Methode.

Wichtige Methoden der qualitativen Forschung

Zu den wichtigsten Methoden der qualitativen Forschung zählen gemäß der obigen Definition:

- Gering strukturiertes Interview
  (vgl. für die Personalforschung Modrow-Thiel 1993);
- Gruppendiskussion;
- Analyse von Fotos und anderen Bildern (Dokumentenanalyse);
- Gering strukturierte Beobachtung;
- Inhaltsanalyse als Methode der Datenauswertung
  (vgl. zu qualitativen Methoden Flick 2000; Lamnek 1995).

Ein gemeinsames Merkmal der qualitativen Datenerhebungsmethoden besteht in dem geringeren Grad der Strukturierung der Verfahren: Es werden keine vollständig vorgegebenen Fragen formuliert, die lediglich Antworten in Form von „Kreuzen" im Fragebogen zulassen; bei Beobachtungen benutzt man kein ausformuliertes Kategoriensystem usw., und die zentrale Methode der Datenauswertung ist die Inhaltsanalyse von Texten im weitesten Sinne.

Wie geht man bei der qualitativen Forschung vor?

Wir wollen die Vorgehensweise an einem Beispiel aus einer von uns betreuten Diplomarbeit skizzieren.

Beispiel eines qualitativen Forschungsprojektes:
Evaluierung eines Fortbildungslehrgangs „Projektmanagement" in einem
Großunternehmen (Hardt 1999)
Fragestellung: In dem Forschungsprojekt ging es darum, die Wirkungen eines regelmäßig stattfindenden Fortbildungslehrgangs „Projektmanagement" in einem Großunternehmen zu evaluieren. Quantitative Bewertungen waren bereits durchgeführt worden, sie gaben aber wenig Aufschluss darüber, mit welchen Bereichen des Fortbildungslehrgangs die Teilnehmer im Detail zufrieden oder unzufrieden waren. Daher sollte die Evaluation ausgeweitet und vertieft werden, um zu klären, mit welchen Aspekten der Fortbildung die Teilnehmer aus welchen Gründen unzufrieden waren und welche Inhalte und Methoden bei der Fortbildung beibehalten oder geändert werden sollten.

Methoden und Vorgehensweise: In der Evaluierungsuntersuchung wurde auf qualitative Methoden zurückgegriffen, weil diese geeignet sind, die Bewertungen der Teilnehmer detaillierter und spezifischer zu erfassen. Zum Einsatz kamen die Methode des gering strukturierten Interviews und die Methode der Gruppendiskussion. Die akustisch aufgezeichneten Aussagen sowohl der Interviews als auch der Gruppendiskussion wurden transkribiert und mit Hilfe der qualitativen Inhaltsanalyse ausgewertet. Die Erhebung war folgendermaßen aufgebaut: Zunächst wurden relativ gering strukturierte, leitfadengestützte Interviews mit 10 Teilnehmern der Bildungsmaßnahme geführt. Bei den Interviews kam u.a. die Methode der Kritischen Ereignisse zur Anwendung. Bei dieser Methode fragt man nach Ereignissen, die die Befragten als „kritisch", d.h. als besonders wichtig erachten, mit dem Ziel, durch die Berichte der entsprechenden Ereignisse bestimmte Sachverhalte zu erfassen – in unserem Fall die (wahrgenommene) Wirkung der Fortbildungsmaßnahme. Es wurden u.a. folgende Fragen gestellt: „Wenn Sie sich noch einmal in die Veranstaltung zum Fortbildungslehrgang Projektmanagement hineindenken: Erinnern Sie sich an eine Situation während des Fortbildungslehrgangs, die Sie ausgesprochen gut oder ausgesprochen schlecht fanden? Gibt es noch weitere Situationen? ... Erinnern Sie sich an eine Situation in Ihrem Arbeitsleben, die Sie nach Absolvieren des Fortbildungslehrgangs Projektmanagement aufgrund (trotz) der im Fortbildungslehrgang erworbenen Kenntnisse besser (nicht besser) bewältigen konnten?" (Hardt 1999: 81). Die Interviewaussagen wurden per Kassettenrekorder aufgezeichnet, anschließend verschriftlicht und mit Hilfe der qualitativen Inhaltsanalyse ausgewertet: Zunächst wurden Kategorien entwickelt, die sich aus der Zielsetzung der Untersuchung ableiteten. Solche Kategorien waren z.b.: „Projektarbeit vor der Maßnahme (Keine Projektarbeit/Projektmitarbeit/Projektleitung)", „Anwendungsmöglichkeiten während der Arbeit (keine Gelegenheit, ... häufig Gelegenheit)", „Nicht notwendige Inhalte (Thema überflüssig, zu ausführlich usw.)". Im Text wurde dann nach Aussagen gesucht, die diesen Kategorien zuzuordnen sind. Das Kategoriensystem war während des gesamten Forschungsprozesses offen: Stellte sich heraus, dass mehrere Teilnehmer auf einen bestimmten Punkt hinwiesen, den die Forscherin (und Interviewerin) selbst nicht als Kategorie formuliert hatte, wurde eine entsprechende Kategorie ergänzt. Die Befunde der Auswertung verdichtete man zu einem Gesamtbild, wobei die zentralen Aussagen nicht mit quantitativen Angaben gestützt, sondern verbal, „qualitativ" formuliert wurden. Die wichtigsten Aussagen über Stärken und Schwächen der Fortbildungsmaßnahme wurden dann in eine Gruppendiskussion mit einer weiteren Teilnehmerrunde eingebracht, um die Befunde abzusichern. Ein solches Absicherungsverfahren nennt man auch „kommunikative Validierung" (Mayring 2003: 121). Die Resultate der Gruppendiskussion, bei denen durchaus neue Aspekte der Bewertung der Fortbildungsmaßnahme auftauchten, wurden anschließend wiederum mit Hilfe der qualitativen Inhaltsanalyse ausgewertet.

Ergebnis: Insgesamt ergab sich ein sehr differenziertes und detailliertes Bild über die Stärken und Schwächen der Bildungsmaßnahme. Auf dieser Basis konnten gezielte Veränderungen des Konzeptes der Maßnahme vorgenommen werden.

Anwendungsgebiete qualitativer Methoden

Qualitative Methoden sind besonders bei folgenden Fragen geeignet (in Anlehnung an Friedrichs 1990):

• Wenn kognitive Bezugsrahmen, Kausalschemata oder komplexe Einstellungsmuster erhoben werden sollen (wenn wir wissen wollen, was bestimmte Menschen denken, wie sie bestimmte Sachverhalte und Zusammenhänge sehen und bewerten usw.);

• wenn es darum geht, die Bedeutung einer Antwort zu klären (was bedeutet es z.B. genau, wenn jemand eine Bildungsmaßnahme mit der Note „mangelhaft" bewertet?);

• wenn wir quantitative Untersuchungen durch die intensive Analyse einzelner Fälle vorbereiten und/oder absichern wollen;

- wenn wir von unseren Voraussagen abweichende oder auch sehr seltene Fälle untersuchen wollen.

Vor- und Nachteile qualitativer Methoden

Qualitative Methoden haben (wie quantitative Methoden auch) Vor- und Nachteile, von denen wir einige wichtige unter Bezugnahme auf die Adäquatheitskriterien nennen:

- *Individualadäquatheit*: Vorteile bestehen etwa darin, dass man sich in gering strukturierten Interviews flexibel auf den Befragten einstellen und sich stärker als bei standardisierten Verfahren an eine natürliche Gesprächssituation annähern kann: Umformulierungen, Ergänzungen und Weglassen von Fragen sind jederzeit während des Interviews möglich. Allerdings entsteht hieraus gleichzeitig ein Nachteil in Form erheblicher Auswertungs-, Interpretations- und Vergleichsprobleme: Wenn Fragen jeweils anders gestellt werden, wenn auch die Anzahl der Fragen variiert, wie kann man die Befunde dann für alle Untersuchten verallgemeinern oder zwischen verschiedenen Befragten Vergleiche ziehen?

- *Sozialadäquatheit*: Die soziale Distanz reduziert sich durch die quasi-natürliche Situation. Dies erleichtert z.B. Interviews, kann aber auch bewirken, dass die Forscher nicht mehr objektiv sind, sie verschmelzen gleichsam mit der Lebenswelt der Befragten.

- *Forschungsökonomie*: Qualitative Methoden sind bei größeren Fallzahlen außerordentlich aufwendig. Allerdings reduziert sich dieses Problem zum Teil dadurch, dass auch im Bereich qualitativer Forschung vermehrt computerunterstützte Verfahren zur Anwendung kommen (vgl. z.B. Kuckartz 1999).

Insgesamt ergänzen sich quantitative und qualitative Methoden, sodass eine dogmatische Bevorzugung der einen oder anderen Richtung unseres Erachtens vielen Forschungsproblemen nicht gerecht würde.

41. Nennen und erläutern Sie die wichtigsten qualitativen Methoden.

42. Skizzieren Sie die wichtigsten Unterschiede zwischen qualitativen und quantitativen Methoden.

43. Für welche personalwirtschaftlichen Fragen ist qualitative Forschung besser geeignet als quantitative?

9 Datenaufbereitung, Datenanalyse und Erstellung des (betrieblichen) Forschungsberichts

Regeln zur Datenaufbereitung, Auswertung und zur weiteren Verwendung der Ergebnisse lassen sich nur schwer allgemein gültig formulieren: Es kommt auf die Verwendungsziele, auf die Adressaten, auf die Daten usw. an. Grob lassen sich zwei unterschiedliche Gruppen von Adressaten und Zielen der betrieblichen Personalforschung unterscheiden, die jeweils unterschiedliche Formen der Datenanalyse, Datenaufbereitung usw. erfordern.

Personalforschung der Personalabteilung (auch) für personalabteilungsexterne Interessenten. Zu solchen externen Interessenten kann der Vorstand gehören, der einen Bericht über die Ergebnisse der unternehmensweiten Mitarbeiterbefragung erwartet, dazu sind zudem die Vorgesetzten zu zählen, die von ihren Mitarbeitern beurteilt wurden; ebenso zählen zu den Interessenten die Mitarbeiter, die wissen wollen, was bei der Mitarbeiterbefragung „herausgekommen" ist. In der Regel ist es notwendig, für diese Interessenten einen Forschungsbericht zu verfassen und die Ergebnisse ggf. auch mündlich zu präsentieren.

Personalforschung der Personalabteilung für die Personalabteilung (interne Personalforschung). Personalforschungsrelevante oder bereits durch Personalforschung gewonnene Daten sind beispielsweise Informationen darüber, über welche Qualifikationen ein Mitarbeiter verfügt, welches Gehalt er bezieht, dass er an bestimmten Tagen krank war, an Weiterbildungsmaßnahmen teilgenommen hat usw. Diese Daten sind zunächst nur für die Personalabteilung bzw. die jeweiligen Personalverantwortlichen und die betroffenen Mitarbeiter von Interesse. Solche Daten werden meist aggregiert, als Kennziffern weiterverarbeitet, ggf. in Personalinformationssystemen gespeichert und möglicherweise mit anderen Kennziffern verknüpft. Man könnte z.B. eine Kennziffer „Fehlzeitenquote" berechnen und diese Information benutzen, um im Rahmen der Personalplanung zu bestimmen, wie viele Mitarbeiter man als Reserve benötigt, um den fehlzeitenbedingten Arbeitsausfall auszugleichen. Falls ein Personalinformationssystem implementiert ist, könnte man etwa bei Entscheidungen über Beförderungen die Qualifikationen aller Mitarbeiter mit den Anforderungen einer Stelle (oder sogar mit den Anforderungen aller Stellen, wenn die Informationen in dem System erfasst sind) vergleichen und so den „besten" Kandidaten oder die „beste" Kandidatin ausfindig machen. Bei dieser Art von Personalforschung für den internen Bedarf sind keine umfassenden schriftlichen Berichte mit Dateninterpretationen und in der Regel auch keine ausgearbeiteten mündlichen Präsentationen erforderlich, da die Daten nicht für abteilungsexterne Interessenten aufbereitet werden müssen, sondern von abteilungsinternen Personalexperten „direkt" für Entscheidungen verwendet werden.

Wir behandeln im Folgenden zunächst die „klassische" empirische Personalforschung, wie sie etwa in Form von Mitarbeiterbefragungen durchgeführt wird. Wir zeigen wesentliche Schritte zur Aufbereitung von Daten für einen schriftlichen Forschungsbericht. Anschließend gehen wir dann auf die interne Personalforschung ein, die Befunde in Form von Kennziffern (Personalstatistik) darstellt.

Übersicht 22 zeigt die wichtigsten Schritte, wobei wir uns im Wesentlichen auf die quantitative Forschung konzentrieren (vgl. zur qualitativen Forschung den vorherigen Abschnitt).

9.1 Datenaufbereitung

9.1.1 Kodierung

Informationen, die nicht bereits in zahlenmäßiger Form erfasst worden sind, müssen möglichst durch Zahlen repräsentiert sein, damit sie maschinenlesbar aufbereitet werden können. Wir stellen das Problem der Kodierung und Dateneingabe im Folgenden am Beispiel von Mitarbeiterbefragungen vor. Wir klammern also sowohl die qualitative Forschung als auch die Aufbereitung von Daten für Personalinformationssysteme aus. In beiden Fällen sind Besonderheiten zu beachten, die wir hier nicht behandeln.

- Bereits in Zahlen dargestellte Werte müssen nicht mehr kodiert werden: Zum Beispiel ist das Jahr des Eintritts in das Unternehmen bereits ein numerischer Wert.

- Den Skalenstufen der bei Mitarbeiterbefragungen häufig verwendeten Ratingskalen sind Zahlen zuzuweisen (vgl. auch unser Beispiel bei der Darstellung des Forschungsprozesses).

122

Schritte der Datenaufbereitung, -auswertung und -verwendung für die quantitative Forschung	Beispiel/Erläuterung
1. Kodierung	Bestimmung von Variablen und Zuweisung von Werten entsprechend der möglichen Ausprägungen.
2. Datenübertragung	Übertragung von der schriftlichen Form in eine maschinenlesbare Form
3. Fehlerkontrolle, Fehlerbereinigung, Kennzeichnung fehlerhafter und fehlender Angaben ("missing values")	Prüfen, ob falsche ("unmögliche") Werte eingetragen wurden. Bei fehlenden Werten wird der Fall meist bei weiteren Analysen ausgeschlossen.
4. Umformung der Variablen (Rekodierung), Neubildung von Variablen, Indizes und Skalen (Variablentransformation)	Zum Beispiel: Zusammenfassen von mehreren Kategorien zu einer Kategorie / Aufsummierung von Werten mehrerer Variablen zu einem Index
5. Aufbereitung der Daten (a) Aufbereitung für *abteilungsexterne Zwecke*: Statistische Analysen von Verteilungen und Zusammenhängen (für den „klassischen" Forschungsbericht). Breite und Tiefe der Analyse sind stark vom Zweck und von den Adressaten abhängig. (b) Aufbereitung für *personalabteilungsinterne Zwecke*	• Univariate Analyse: z.B. von Häufigkeiten, Mittelwerten und Streuungen • Bivariate Analyse: z.B. Mittelwertvergleiche; Kreuztabellenanalyse, Korrelationsanalyse • Multivariate Analyse: z.B. Regressionsanalyse (abhängig vom Skalenniveau) • Berechnung von personalwirtschaftlichen Kennziffern • Speicherung und Weiterverarbeitung von Daten in Personalinformationssystemen

Übersicht 22: Datenaufbereitung, -auswertung und -verwendung (in loser Anlehnung an Diekmann 2003: 547)

Zum Beispiel wird die Skalenausprägung „stimme völlig zu" mit einer „1" repräsentiert, die Ausprägung „stimme teilweise zu" mit einer „2" usw. Bei Ratingskalen wird jede Frage als Variable aufgefasst. Sofern zu einer Frage jedoch mehrere Antwortmöglichkeiten gibt (z.b. wenn nach besuchten Weiterbildungsveranstaltungen gefragt wird, indem mehrere Schulungsmaßnahmen vorgegeben werden, die die Befragten im Falle der Teilnahme durch Ankreuzen auswählen sollen), ist jede dieser Optionen als einzelne Variable zu kodieren. In diesem Beispiel könnte eine „1" für die Teilnahme, die durch das Ankreuzen dokumentiert wurde, vergeben werden und eine „0", sofern eine Veranstaltung nicht angekreuzt wurde.

- Fehlende Werte (missing value, wie man unter Nutzung des Jargons englischsprachiger Statistikprogramme auch sagt) sind in geeigneter Weise zu kennzeichnen. Beispielsweise tritt bei Mitarbeiterbefragungen immer der Fall auf, dass mindestens ein Befragter mindestens eine Frage nicht beantwortet hat. In der Regel ist es sinnvoll, bei der elektronischen Datenerfassung diesen Wert im Eingabefeld nicht einfach freizulassen, sondern einen Wert zu verwenden, der eine unzulässige (unmögliche) Ausprägung der jeweiligen Variablen darstellt. So kann man z.B. eine „-9" verwenden, um kenntlich zu machen, dass jemand bei einer Befragung das Eintrittsdatum in den Betrieb nicht angegeben hat. Sofern ein Computerprogramm zur Datenanalyse genutzt wird, ist die „-9" als fehlender Wert zu definieren, da sie ansonsten in statistische Berechnungen einginge und somit verzerrte Ergebnisse zustande kämen. (vgl. zu Kodierungsproblemen Bronner/Appel/Wiemann 1999: 206-212).

9.1.2 Datenübertragung

Datenmatrix aufbauen

Nachdem man geeignete Kodierungen festgelegt hat, werden die Daten für jeden Fall in den PC eingegeben. Dabei ist zu entscheiden, was genau ein „Fall" sein soll. In der Regel sind dies die jeweiligen Mitarbeiter – jeder Mitarbeiter entspricht einem „Fall". Ebenso kann sich die Analyse aber auch auf Kostenstellen, Abteilungen oder Betriebe beziehen, die dann die einzelnen Fälle darstellen. Man baut also eine Datenmatrix auf, die in den Zeilen den jeweiligen Fall enthält und in den Spalten die Angaben für die Variablenausprägungen der Fälle. Ein einfaches Beispiel verdeutlicht den Aufbau.

Fall Nr.	Eintrittsjahr	Geschlecht	Schulab-schluss	Lohngruppe
1	1970	0	1	3
2	1999	1	1	4
3	1995	1	2	4
....	....	....	....	....

Übersicht 23: Beispiel einer einfachen Datenmatrix

Mitarbeiter 1 ist also im Jahr 1970 in das Unternehmen eingetreten; er ist männlich (wir haben männlich mit 0, weiblich mit 1 kodiert), er verfügt über einen Hauptschulabschluss (= 1; Realschule = 2 usw.) und wird nach Lohngruppe 3 bezahlt.

Grundsätzlich könnten wir die Datenmatrix auch „drehen", sodass die Fälle in den Spalten angeordnet sind. In der Regel ist der skizzierte Aufbau jedoch vorzuziehen, da die meisten Statistikprogramme und Tabellenkalkulationen dieses Format problemloser verarbeiten.

Geeignete Datenverarbeitungssoftware auswählen

Bei der Dateneingabe ist es wichtig, dass man genau überlegt, von welchen Programmen die Daten bearbeitet und weiterverwendet werden sollen. Für kleinere Datenerhebungen, das heißt für wenige Fälle, wenig Variablen und einfache Auswertungen, reicht evtl. ein Tabellenkalkulationsprogramm aus, wie es in nahezu jedem „Office-Paket" enthalten ist. Für größere und anspruchsvollere Analysen sind Statistikprogramme wie etwa SPSS oder Stata oder andere besser geeignet. (Hinweise auf diese und andere, z.T. kostenlose Programme finden Sie auf unserer Internet-Seite „www.hrmresearch.de".)

9.1.3 Fehlerkontrolle und -bereinigung

Auch bei der sorgfältigsten Dateneingabe treten Fehler auf: Meist werden falsche Zahlen eingegeben, weil man sich z.B. auf der Tastatur „vertippt", sich verliest oder die Angabe aus dem Beleg (z.B. aus einem Fragebogen oder Personalbeurteilungsbogen) in das falsche Feld der Datenmaske einträgt. Natürlich können auch die Befragten bzw. Beurteiler abwegige Werte eingetragen haben, die bei der Dateneingabe blind übernommen werden. Deshalb ist zu prüfen, ob „unmögliche" Werte vorkommen (z.b. 1790 als Datum des Eintritts in den Betrieb). Ansonsten kommt es zu irrigen Ergebnissen, weil Fehler übersehen wurden. Oft sind mit Hilfe der EDV Plausibilitätsprüfungen möglich. Zum Beispiel kann die Betriebszugehörigkeitsdauer nicht höher sein als das Alter. Durch eine Subtraktion der Betriebszugehörigkeit vom Alter könnte dies festgestellt werden. Ergäbe sich eine negative Differenz, bedeutete dies, dass einer der beiden oder beide Werte nicht richtig eingegeben bzw. angegeben wurden.

Ein häufiges Problem bei empirischen Untersuchungen sind fehlende Angaben bei Variablen („missing values"). Im obigen Beispiel wäre es möglich, bei einer negativen Differenz zwischen Alter und Betriebszugehörigkeit für beide Variablen einen fehlenden Wert zu vergeben. Man kann dem Fehler aber auch nachgehen und noch einmal einen Blick in den entsprechenden Fragebogen werfen. Um nachträglich den entsprechenden Fragebogen identifizieren zu können, müssen alle Fragebögen nummeriert werden. Die Fragebogennummer ist als Variable in die Datenmatrix aufzunehmen. Je nach Anzahl der Fälle und Inkonsistenzen ist die Kontrolle des Fragebogens jedoch mit einem hohen Aufwand verbunden. Allerdings sollte man versuchen, die Anzahl der fehlenden Werte gering zu halten, auch deswegen, weil sich bei komplexen statistischen Analysen, bei denen man viele Variablen einbezieht, die Zahl der Fälle mit vollständigen Angaben extrem reduzieren kann.

9.1.4 Umformungen von Variablen

Häufig sind *Rekodierungen bzw. Neubildungen* von Variablen (Variablentransformation) nötig. So kann es sein, dass man die „Berufliche Qualifikation" über die drei Variablenausprägungen „Keine Berufsausbildung", „Anlernausbildung", „Lehre" erfasst hat. Für bestimmte Zwecke könnte es sinnvoll sein, die ersten beiden Ausprägungen zusammenzufassen und nur noch zwischen „Lehre ja" und „Lehre nein" zu unterscheiden. Oder man möchte bei der Variablen „Alter" nur noch drei Altersgruppen unterscheiden und muss daher eine Zusammenfassung vornehmen. Ähnlich ist die Vorgehensweise bei der *Neubildung* von Variablen durch die Berechnung von Indizes und Skalen. Hier wird nicht innerhalb einer Variable umkodiert, sondern man verrechnet mehrere Variablen miteinander, wie beispielsweise bei der Methode der summierten Einschätzungen (vgl. Kapitel „Ratingskalen und Likert-Skalierung").

9.2 Datenanalyse

9.2.1 Beschreibung der Daten: Häufigkeiten, zentrale Tendenz und Streuung der Werte wichtiger Variablen

Im nächsten Schritt ist es – selbstverständlich abhängig von der Fragestellung – notwendig, die Gesamtheit der Untersuchungsobjekte mit Hilfe wichtiger Kennwerte zu beschreiben, um somit die Komplexität der vorhandenen Informationen sinnvoll zu reduzieren und eine Interpretation zu erleichtern.

Viele Befragungen arbeiten mit Ratingskalen (oft vier- bis siebenstufig). Und häufig werden bei diesen Skalen arithmetische Mittelwerte berechnet. Unabhängig davon, ob es überhaupt im statistischen Sinne zulässig ist, einen derartigen Mittelwert zu berechnen, sagt eine solche Kennziffer relativ wenig aus: Was bedeutet es z.B., dass ein Vorgesetzter auf einer siebenstufigen Skala durchschnittlich mit 1,9 bewertet wurde? Handelte es sich um eine fünfstufige Skala, könnte man diesen Wert evtl. als eine Note interpretieren, falls man an eine solche Notenskala gewöhnt ist. Bei einer siebenstufigen Skala ist eine notenartige Deutung natürlich grundsätzlich ebenfalls möglich. Leichter wird die Interpretation, wenn man nicht das arithmetische Mittel, sondern die Häufigkeiten bei den jeweiligen Skalenausprägungen berichtet. Zudem lässt sich ein *Zustimmungswert* berechnen, im Sinne von: „70 Prozent haben der Aussage zugestimmt". Ein solcher Wert ist anschaulich und von jedem leicht zu interpretieren (vgl. auch Borg 2000: 188).

Will man Informationen über die *zentrale Tendenz* gewinnen, muss man sich genau überlegen, ob man das arithmetische Mittel oder ggf. den Median verwendet. Bei Ordinaldaten ist der Median anzuraten.

Je nach Datenniveau sollte man darüber hinaus die *Streuung* angeben. Bei intervallskalierten Daten ist die Standardabweichung zu nennen, bei ordinal skalierten Daten der minimale und maximale Wert (vgl. zu diesen und weiteren Streuungsmaßen Statistiklehrbücher wie z.b. Hartung/ Elpelt/Klösener 2002).

9.2.2 Zusammenhangsanalysen

Man unterscheidet zwischen bivariaten und multivariaten Zusammenhangsanalysen. Hierbei geht es nicht um Werte einer einzelnen Variablen, sondern darum, ob ein systematischer Zusammenhang zwischen den Werten zweier oder mehrerer Variablen besteht. Wie stark ist z.b. der Zusammenhang zwischen den Variablen Arbeitszufriedenheit und Leistung? Die Beantwortung einer solchen Frage erfordert eine bivariate Analyse. Will man dagegen wissen, wie der Zusammenhang zwischen den drei Variablen Arbeitszufriedenheit, Motivation und Leistung ist, muss eine multivariate Analyse durchgeführt werden.

Je nach Datenniveau können unterschiedliche Datenanalyseverfahren angewendet werden. Die einfachsten und intuitiv eingängigsten Verfahren sind der Mittelwertvergleich und die Kreuztabellenanalyse.

9.2.2.1 Mittelwertvergleich

Man vergleicht den Mittelwert von zwei oder mehr Gruppen. Beispielsweise könnte man fragen, ob und wie stark Arbeitnehmer, die am Fließband arbeiten, sich hinsichtlich ihrer Arbeitszufriedenheit von denen unterscheiden, die an Einzelarbeitsplätzen bei Maschinenarbeit tätig sind (Übersicht 24). Üblicherweise schreibt man die Gruppierungsvariable (die unabhängige Variable) in den Kopf der Tabelle, die abhängige Variable in die Zeilen. Beim Vergleich des Medians der jeweiligen Gruppen sehen wir, dass die Nicht-Bandarbeiter zufriedener sind. Bei ihnen liegt der Median der Arbeitszufriedenheit bei 8, während er bei den Bandarbeitern bei 5 liegt. Wir haben hier den Median statt des arithmetischen Mittels verwendet, weil es sich bei der Arbeitszufriedenheitsskala um eine Ordinalskala handelt. Allerdings wäre das arithmetische Mittel aus unserer Sicht auch vertretbar, insbesondere weil die meisten Menschen den „normalen" Mittelwert – eben das arithmetische Mittel – kennen, den Median jedoch nicht.

	Nicht-Bandarbeiter	Bandarbeiter	Alle
Arbeitszufriedenheit (Skala von 1 = sehr unzufrieden bis 10 = sehr zufrieden)			
Mittelwert (Median)	8	5	7
Streuung (Minimum/Maximum)	2 / 10	2 / 10	2 / 10
Anzahl	87	113	200

Übersicht 24: Beispiel für einen einfachen Mittelwertvergleich

Um „wie viel" sind die Bandarbeiter zufriedener? Offenbar geht es um 3 Punkte Unterschied auf einer 10er-Skala. Eine solche Differenz ist schwer zu verstehen, da es sich um eine Ordinalskala handelt, auf der sich die Differenzen zwischen den einzelnen Ausprägungen streng genommen nicht vergleichen lassen. Eine einfache Interpretation des Ausmaßes der Unterschiede ermöglicht die im Folgenden dargestellte Kreuztabellenanalyse.

9.2.2.2 Kreuztabellenanalyse

Für eine Kreuztabellenanalyse fassen wir die Skalenwerte 1 bis 7 zu der Ausprägung „gering bis mittel zufrieden" und 8, 9 und 10 zu einer Kategorie „hoch zufrieden" zusammen. Das bedeutet, wir dichotomisieren (zweiteilen) die Skala in der Nähe des Gesamtmedians. Dieses statistische Kriterium ist insofern sinnvoll, als nun auf beiden Seiten der Skala jeweils grob 50 Prozent aller Werte liegen (wobei dies auch davon abhängt, in welche „Hälfte" wir diejenigen Werte einordnen, die dem des Medians entsprechen), d.h. wir unterscheiden in „niedrig" und „hoch", „wenig" und „viel" oder ähnlich. Die Dichotomisierung kann auch stärker inhaltlichen Überlegungen folgen, indem man z.B. die Ausprägungen „stimme völlig zu" und „stimme teilweise zu" zusammenfasst und allen anderen Ausprägungen, die Nichtzustimmungen kennzeichnen, gegenüberstellt. Wir müssen selbstverständlich die Ausprägungen der Variablen „Arbeitszufriedenheit" nicht unbedingt dichotomisieren, wir können sie auch in drei oder mehr Kategorien gruppieren. Dies bedeutet einen geringeren Informationsverlust, erschwert bei einer Kreuztabellenanalyse aber gleichzeitig die Darstellung und Interpretation des Zusammenhangs.

Anschließend bilden wir die Kreuztabelle. Man geht dabei folgendermaßen vor:

- Zunächst bestimmen wir die abhängige und die unabhängige Variable. Die unabhängige Variable kommt üblicherweise in den Tabellenkopf, (hier: Arbeitsorganisationsform) sie bildet die Gruppierungs- oder Spaltenvariable. Die Ausprägungen der abhängigen Variablen (hier: Arbeitszufriedenheit) bilden die Zeilen der Tabelle.

- Anschließend werden die einzelnen Fälle in die Tabelle eingeordnet. Im Grunde genommen arbeiten wir mit einer Strichliste. Für jeden Fall machen wir einen Strich in der jeweiligen Zelle der Kreuztabelle, also z.B. einen Strich in der Zelle rechts unten, wenn ein Befragter am Band arbeitet und hoch zufrieden ist usw. Die Striche in den jeweiligen Zellen werden zusammengezählt. In unserem Beispiel arbeiten also 13 Personen am Band und sind hochzufrieden (siehe Übersicht 25). Zusätzlich bildet man noch eine Spalte („Alle"), die die Summe der Fälle der gesamten Zeile beinhaltet, darüber hinaus eine Zeile, die die Summe der Fälle jeder Spalte enthält. Aus der Kreuztabelle ist also z.B. zu sehen, dass 87 Mitarbeiter am Band arbeiten
oder dass 86 hoch zufrieden sind. (Wenn die Daten maschinenlesbar vorliegen, kann uns ein Statistik- oder ein Tabellenkalkulationsprogramm diese „Handarbeit" abnehmen.)

- Im nächsten Schritt berechnen wir für jede Zelle einen Prozentwert. Dabei bildet die Anzahl aller Fälle einer Spalte die Summe, auf deren Basis prozentuiert wird. Prozentuiert wird also innerhalb der durch die unabhängige Variable (die Gruppierungs- bzw. Spaltenvariable) gebildeten Gruppen – in unserem Fall einmal für die Bandarbeiter und einmal für die Nicht-Bandarbeiter. Wir rechnen also: 40 / 113 * 100 = 35,4 Prozent, 73 / 113 * 100 = 64,6 Prozent usw.

In der folgenden Tabelle erkennen wir, dass bei den Nicht-Bandarbeitern 64,6 Prozent hoch zufrieden sind, während dieser Anteil bei den Bandarbeitern lediglich 14,9 Prozent beträgt.

130

Arbeitszufriedenheit	Nicht-Band-arbeiter	Band-arbeiter	Alle
Geringe bis mittlere Arbeitszufriedenheit (Werte von 1 bis unter 8 auf der 10er-Skala) – Prozent (Anzahl)	35,4 % (40)	85,1 % (74)	57 % (114)
Hohe Arbeitszufriedenheit (Werte von 8 und höher auf der 10er-Skala) – Prozent (Anzahl)	64,6 % (73)	14,9 % (13)	43 % (86)
Gesamt Prozent Anzahl	100 % (113)	100 % (87)	100 % (200)

Übersicht 25: Beispiel für eine Kreuztabellenanalyse

Dieser Unterschied ist erheblich leichter zu deuten als eine Mittelwert-differenz von 3 auf einer Skala von 1 bis 10. Wie in Übersicht 26 können wir diesen Befund auch grafisch darstellen.

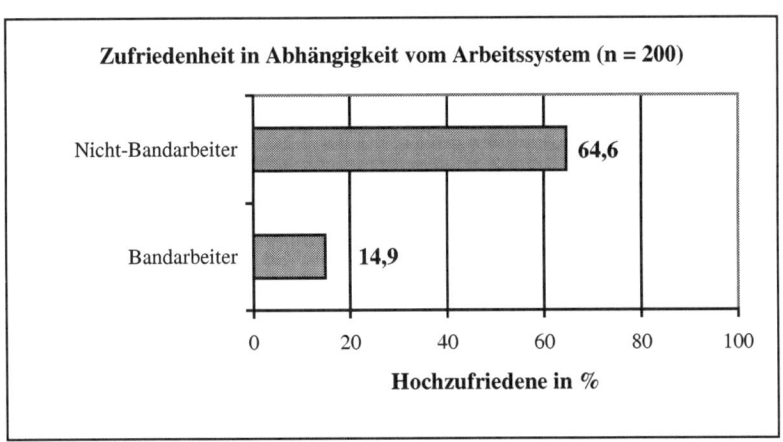

Übersicht 26: Beispiel für eine grafische Darstellung der Ergebnisse der Tabellenanalyse

Wir können weiterhin aus der Kreuztabelle (und natürlich auch aus der Grafik) ein einfaches *Maß der Stärke des Zusammenhangs* berechnen: die *Prozentsatzdifferenz* (oft als d oder d% abgekürzt, vgl. auch Benninghaus 2001: 199ff.). Die Prozentsatzdifferenz beträgt 0, wenn die beiden Variablen vollständig voneinander unabhängig sind; sie beträgt +/–100 bei vollständiger Assoziation. Im obigen Fall wäre d% = 64,6 – 14,9 = 49,7, also die Differenz zwischen dem Anteil der Hochzufriedenen in den beiden unterschiedlichen Arbeitssystemen. Wir verfügen damit über eine Art „Korrelationsmaß". Dieses Maß könnte man – wie bei Zusammenhangsmaßen wünschenswert – mit den jeweiligen Vorzeichen ausdrücken. Dann würde d% zwischen –100 und +100 variieren. Es ist offensichtlich, dass die Prozentsatzdifferenz im Wesentlichen bei dichotomen Variablen sinnvoll ist. Für Variablen mit mehr Ausprägungen verwenden wir deshalb andere Maße des Zusammenhangs, die meist als Korrelationsmaße bezeichnet werden.

9.2.2.3 Korrelationsanalyse

Die Korrelationsanalyse dient dazu, die Stärke und die Richtung eines Zusammenhangs zwischen zwei oder auch mehr Variablen zu ermitteln (wir orientieren uns im Folgenden stark an den Darstellungen in Weber/Mayrhofer/Nienhüser 1994 sowie in Benninghaus 2001). Bei den meisten Korrelationsmaßen wird unterstellt, dass der Zusammenhang zwischen den Variablen linear ist. Die Stärke und Richtung der Beziehung wird durch so genannte Korrelationskoeffizienten ausgedrückt. Sie sind meist so definiert, dass sie Werte zwischen -1 und +1 annehmen können. Der maximale Wert von +1 bedeutet, dass eine positive Veränderung (ein Anstieg) einer Variablen X mit einer positiven Veränderung einer anderen Variablen Y einhergeht („je mehr X, desto mehr Y"). Ein Wert von -1 bezeichnet ebenfalls einen vollständigen, aber negativen Zusammenhang zwischen den Variablen X und Y („je mehr X, desto weniger Y"). Ein Wert von Null drückt aus, dass die Variablen nicht zusammenhängen, also nicht gemeinsam variieren. Wenn wir von einem positiven Zusammenhang sprechen, ist damit lediglich gemeint, dass höhere Werte in der einen Datenreihe mit höheren Werten in der anderen Datenreihe einhergehen und umgekehrt: niedrigere Werte in der einen auch mit niedrigeren Werten in der anderen gemeinsam vorkommen. Korrelation ist nicht gleichbedeutend mit Kausalität (vgl. hierzu

Kapitel 5.1)! Auch starke Korrelationen können nicht ohne weiteres als Hinweis auf kausale Beziehungen gedeutet werden: Zum einen können Variablen sich wechselseitig beeinflussen, zum anderen kann es sein, dass zwei Variablen gemeinsam von einer oder mehreren anderen Variablen beeinflusst werden. Kausalitätsvermutungen kann man nur durch Rückgriff auf theoretische Überlegungen begründen, empirisch lassen sich allenfalls Befunde aus Experimenten zur Stützung heranziehen. In Abhängigkeit von der theoretisch abgeleiteten Kausalstruktur kann es notwendig sein, eine oder mehrere Drittvariablen zu kontrollieren, d.h. ihren Einfluss rechnerisch auszuschalten.

Unter den Korrelationsmaßen wird besonders häufig der *Produkt-Moment-Korrelationskoeffizient (auch Bravais-Pearson-Koeffizient) r* verwendet. Die *Interpretation* dieses Koeffizienten fällt leichter, wenn man das Quadrat der Produkt-Moment-Korrelation r, den Determinationskoeffizienten r^2, heranzieht: r^2 gibt den Anteil der Varianz an, den eine Variable X in Bezug auf eine Variable Y „erklärt". Ein Korrelationskoeffizient von r = 0,5 „erklärt" dann 25 Prozent der Varianz. Anders gesagt: 75 Prozent der Unterschiede bei Y werden nicht durch X erklärt, sondern sind durch andere Ursachen bedingt. Man spricht bei dieser Interpretation von r^2 auch von der proportionalen Reduktion des Vorhersagefehlers (vgl. Benninghaus 2001: 323ff.). Das bedeutet, der Fehler, den wir bei einer Vorhersage der Ausprägung der Variable Y eines beliebigen Falles machten, würde um 25 Prozent reduziert, wenn wir hierbei nicht nur auf die Informationen über die Verteilung von Y zurückgriffen, sondern zusätzlich die Verteilung der Variablen X berücksichtigten. Ein konkretes Beispiel aus dem Bereich der Personalforschung: Nehmen wir an, in einer Untersuchung findet man einen positiven Zusammenhang von r = +0,30 zwischen der Intelligenz von Führungskräften und dem Führungserfolg, d.h. der Leistung ihrer Mitarbeiter. r^2 beträgt also 0,09. Dies heißt nichts anderes, als dass lediglich 9 Prozent der Leistungsunterschiede zwischen den Mitarbeitern auf die Intelligenzunterschiede der Führungskräfte zurückzuführen sind. 91 Prozent der Leistungsdifferenzen sind auf andere Faktoren (Motivation, Qualifikation der Mitarbeiter, situative Faktoren usw.) zurückzuführen. (Es sollte Ihnen auffallen, dass auch wir bei der Interpretation von r^2 bereits in eine „gefährliche Nähe" nicht zulässiger kausaler Deutungen kommen!)

Der Pearsonsche Korrelationskoeffizient ist normalerweise nur für *metrische Variablen* geeignet. Daher gibt es eine ganze Reihe weiterer Zusammenhangsmaße, die vor allem für *ordinale Variablen* verwendet werden. Ebenfalls auf den Grundgedanken des Prinzips der proportionalen Fehlerreduktion beruht der Koeffizient *Lambda* (vgl. Benninghaus 2001: 218ff.). Andere Zusammenhangsmaße für ordinal skalierte Daten basieren auf dem Vergleich der Ausprägungen zweier Variablen für alle möglichen Paare von Untersuchungseinheiten. Diese Koeffizienten können als Grad der Übereinstimmung zweier Datenreihen, also als *Rangordnungskorrelationskoeffizienten*, interpretiert werden. Ein Beispiel ist *Kendall's Tau-c*.

Die Frage, ab welcher Größe eines Koeffizienten man von einem geringen, mittleren oder starken Zusammenhang reden will, ist nur schwer allgemein gültig zu beantworten, denn es kommt u.E. auf die jeweilige Forschungsfrage an. Man findet aber auch die Auffassung, dass Zusammenhänge, z.B. bei r, von bis zu +/-0,3 als gering, bis +/-0,6 als mittel und von höheren Werten als hoch zu bezeichnen sind.

9.2.2.4 Multivariate Analysen

Bei der multivariaten Datenanalyse untersucht man Zusammenhänge zwischen drei und mehr Variablen. Das Ziel besteht darin, die Stärke des Zusammenhangs zwischen zwei Variablen zu berechnen und dabei den Einfluss mindestens einer Drittvariablen zu kontrollieren. Machen wir uns dies an einem Beispiel klar. Nehmen wir an, wir wollen die Bestimmungsgründe der Arbeitsleistung der Mitarbeiter untersuchen. Wir vermuten, dass sowohl das Alter als auch die Qualifikationshöhe einen Einfluss auf die Arbeitsleistung haben. Und wir wollen wissen, ob die Qualifikationshöhe einen stärkeren oder geringeren Einfluss hat als das Alter. Wir müssen dazu klären, wie stark der Einfluss des Alters und der Qualifikation jeweils ohne den Effekt der anderen Größe ist. Man sagt auch: Der Effekt der jeweils anderen Variablen wird konstant gehalten; andere sprechen von Effektzerlegung.

Die Grundidee der multivariaten Analyse wollen wir mit Hilfe der Kreuztabellenanalyse verdeutlichen (vgl. ähnlich Benninghaus 2001: 281ff.). Alle Variablen sind dichotomisiert in gering/hoch bzw. jung/alt. Wir beginnen mit folgender Kreuztabelle:

	Jüngere	Ältere	Alle
Geringe Arbeitsleistung	30	25	55
Hohe Arbeitsleistung	20 (40%)	25 (50%)	45
Anzahl	50	50	100

Übersicht 27: Zusammenhang zwischen Alter und Arbeitsleistung

Nach dieser Tabelle zeigen 40 Prozent der jüngeren Mitarbeiter eine hohe Arbeitsleistung, während unter den Älteren 50 Prozent viel leisten. Anders gesagt: Die Daten deuten darauf hin, dass ältere Mitarbeiter eine höhere Arbeitsleistung aufweisen: Die (betragsmäßige, also vorzeichenlose) Prozentsatzdifferenz d% beträgt 10. Ist aber das Alter die eigentliche Einflussgröße? Wie können wir diesen Zusammenhang inhaltlich interpretieren? Ist es möglicherweise gar nicht das Alter, das hier einen Unterschied macht, d.h. einen Effekt bewirkt, sondern evtl. die Qualifikationshöhe?

Wenn wir diese Fragen klären wollen, müssen wir von der bivariaten zur multivariaten Analyse übergehen: In Übersicht 27 haben wir den Zusammenhang zwischen zwei Variablen analysiert, nun werden wir eine weitere Variable – das Qualifikationsniveau – mit einbeziehen. Wir kontrollieren hier die Drittvariable Qualifikation, indem wir zwei Kreuztabellen (auch Konditionaltabellen genannt) konstruieren, zum einen eine Tabelle für die Arbeitnehmer mit einem geringen, zum anderen eine Tabelle für diejenigen mit einem hohen Qualifikationsniveau (Übersicht 28). Nun analysieren wir in diesen beiden Konditionaltabellen wiederum den Einfluss des Alters. Wir sehen, dass sich sowohl in der Gruppe der Niedrigqualifizierten als auch in der Gruppe der Hochqualifizierten keine Unterschiede in der Arbeitsleistung zwischen älteren undjüngeren Mitarbeitern zeigen. Anders ausgedrückt: Die Prozentsatzdifferenz zwischen Älteren und Jüngeren ist in beiden Qualifikationsgruppen d% = 0.

Das bedeutet, dass das Alter keinen Einfluss auf die Arbeitsleistung hat. Offenbar liegt eine Scheinkorrelation zwischen Alter und Arbeitsleistung vor (vgl. dazu Kapitel „Kausalität"): Die Unterschiede in der Arbeitsleistung sind vollständig auf die Qualifikationsunterschiede zurückzuführen. Der Effekt beträgt hier d% = 50. (Eine weitere Kreuztabelle nur mit den beiden Variablen Qualifikationsniveau und Arbeitsleistung wollen wir hier nicht mehr darstellen, denn die Daten in Übersicht 28 bringen den Zusammenhang bereits klar zum Ausdruck. Die Kreuztabelle lässt sich aus der Übersicht 28 rekonstruieren.)

| | *Qualifikation gering* | | *Qualifikation hoch* | | |
	Jüngere	*Ältere*	*Jüngere*	*Ältere*	Alle
Geringe Arbeitsleistung	18	9	12	16	55
Hohe Arbeitsleistung	2 (10%)	1 (10%)	18 (60%)	24 (60%)	45
Anzahl	20	10	30	40	100

Übersicht 28: Zusammenhang zwischen Alter und Arbeitsleistung, bei Kontrolle der Drittvariablen Qualifikationsniveau

Durch die Kontrolle der Drittvariablen Qualifikationsniveau können wir nun auch die Frage nach der relativen Einflussstärke der beiden Variablen Alter und Qualifikationsniveau beantworten: Zur Sicherheit wiederholen wir die Zahlen: Der Einfluss des Alters beträgt d% = 0, der Einfluss des Qualifikationsniveaus d% = 50. Im Übrigen wären wir zu demselben Ergebnis gekommen, wenn wir umgekehrt verfahren wären, also zunächst den Einfluss der Qualifikationshöhe analysiert und anschließend als Drittvariable das Alter eingeführt und kontrolliert hätten.

9.2.3 Signifikanztest: Können wir von der Stichprobe auf die Grundgesamtheit schließen?

Neben Maßen für die Stärke von Zusammenhängen ist es notwendig, noch einen weiteren Gütemaßstab für die Bewertung der Ergebnisse von statistischen Auswertungen einzuführen: Häufig wollen wir wissen, ob wir mit guten Gründen sagen können, dass Werte (z.B. univariate Kennziffern wie beispielsweise der arithmetische Mittelwert) oder Zusammenhänge, die wir in einer *Stichprobe* gemessen haben, auch in der *Grundgesamtheit* zu vermuten sind. Dies ist das Kernproblem der induktiven Statistik.

Unterstellen wir zwei extreme Situationen; in beiden Situationen handelt es sich um dieselbe Grundgesamtheit von 1000 Mitarbeitern.

- Im ersten Fall hätten wir 3 Mitarbeiter von 1000 zufällig ausgewählt und hinsichtlich ihrer Arbeitszufriedenheit und ihrer Arbeitsleistung befragt. Die Korrelation zwischen Zufriedenheit und Leistung beträgt in dieser Stichprobe r = +0,8.

- Und wir denken uns einen zweiten Fall, in dem wir 997 der 1000 Mitarbeiter befragt hätten. Hier beträgt die Korrelation nur r = +0,20.

Sollen wir nun davon ausgehen, die „wahre" Korrelation, d.h. die Korrelation für alle 1000 Mitarbeiter, betrage +0,8 oder +0,20? (Dieselbe Frage könnten wir im Übrigen auch z.B. für den Mittelwert der Zufriedenheit oder der Leistung stellen.)

Es ist klar, dass im ersten Fall nicht ohne weiteres zu erwarten ist, dass die Korrelation auch bei den restlichen 997 Mitarbeitern denselben Wert aufweist wie in der Stichprobe von n = 3. Wir würden vermuten, dass ein solches Ergebnis zufällig zustande gekommen sein könnte, denn man kann nicht ausschließen, dass gerade diejenigen drei Fälle ausgewählt wurden, bei denen ein von der Grundgesamtheit völlig abweichender Zusammenhang besteht. Wir könnten also mit n = 3 nicht mit ausreichender Sicherheit behaupten, der Wert der Stichprobe sei auch für die Grundgesamtheit zu erwarten. – Hier sehen wir im Übrigen wieder, wie wichtig es ist, eine Zufallsstichprobe aus der Grundgesamtheit zu ziehen und genau zu überlegen, wie groß die Stichprobe sein muss bzw. ob sie groß genug ist, um von ihr auf die Grundgesamtheit zu schließen (Verweis auf Kapitel 6.3 „Repräsentativität und Stichprobenumfang").

Im zweiten Fall werden wir sehr viel weniger Einwände dagegen haben, dass jemand von den 997 auf die Gesamtheit von 1000 schließt, da die Stichprobe die Grundgesamtheit fast vollständig repräsentiert.

Wie sieht es aber mit einer Stichprobe von 50, 100 oder 300 von den insgesamt 1000 Mitarbeitern aus? Können wir hier von den Werten der Stichprobe auf die Grundgesamtheit schließen? Um solche Fragen zu klären, ist das Instrument des *Signifikanztests* entwickelt worden.

Die Vorgehensweise ist die Folgende (vgl. insbesondere Bortz/Lienert 2003: 14ff.): Angenommen, man hat in einer Untersuchung von 100 Arbeitnehmern herausgefunden, dass die Korrelation zwischen Arbeitszufriedenheit und Arbeitsleistung r = +0,20 beträgt. Man möchte nun wissen, ob dieser Wert nur für die Befragten der Stichprobe gilt oder ob er sich auf alle Arbeitnehmer der Grundgesamtheit (z.B. für die 1000 Arbeitnehmer des Unternehmens) verallgemeinern lässt.

Hierzu wird eine sog. *Nullhypothese* formuliert, sie lautet im Regelfall: Es *gibt keinen Zusammenhang* zwischen Zufriedenheit und Leistung in der Grundgesamtheit. Außerdem formuliert man eine sog. *Alternativhypothese*: Sie würde in unserem Beispiel lauten: Es *besteht ein Zusammenhang* zwischen Zufriedenheit und Leistung in der Grundgesamtheit.

Im nächsten Schritt ist die Wahrscheinlichkeit (als p bezeichnet) zu berechnen, mit der die Korrelation von r = +0,20 bei einer Stichprobe von 100 Arbeitnehmern (wir bleiben bei unserem Beispiel) zufällig zustande kommt, unter der Voraussetzung, dass die Nullhypothese gilt, d.h., dass kein Zusammenhang in der Grundgesamtheit besteht. Je größer dieser Wert ist, desto weniger *signifikant* ist der in der Stichprobe gemessene Zusammenhang – und desto weniger ist es zulässig, Rückschlüsse auf den Zusammenhang in der Grundgesamtheit zu ziehen. Ab welchem Wert ist es nun aber nicht mehr zulässig, den Rückschluss zu ziehen? Für diese Entscheidung legt man einen kritischen Wert fest, das sog. Signifikanzniveau (als α bezeichnet). Als Signifikanzniveau wird häufig ein Wert von 0,05 (oder 0,01) gewählt. Anschließend vergleichen wir p mit α und treffen auf dieser Basis eine Entscheidung für die Nullhypothese oder gegen sie (und damit gleichzeitig eine Entscheidung für die Alternativhypothese). Es können nun zwei Situationen auftreten:

Die erste Situation: $p > \alpha = 0,05$. Dies bedeutet, dass der Zusammenhang von r = +0,20 in der Stichprobe mit einer relativ hohen Wahrscheinlichkeit nur zufällig auftrat. Wir nehmen daher an, dass die Nullhypothese nicht verworfen werden kann und dass wir nicht von der Stichprobe auf die Grundgesamtheit schließen dürfen.

Die zweite Situation: $p \leq \alpha = 0{,}05$. Die Wahrscheinlichkeit p, dass das Ergebnis (unter der Bedingung, dass die Nullhypothese gilt) zufällig zustande kommt, ist hier nicht größer als 5 Prozent ($\alpha = 0{,}05$). Man sagt in dieser Situation auch: Der Zusammenhang (die Korrelation in unserem Beispiel) ist auf dem 5%-Niveau signifikant. Wir verwerfen in diesem Fall die Nullhypothese und entscheiden uns für die Alternativhypothese. Dies bedeutet, dass angenommen werden kann, dass ein Zusammenhang nicht nur für die Stichprobe, sondern auch für die Grundgesamtheit gilt.

Wir können nicht nur die Signifikanz von Korrelationen prüfen, sondern auch von Mittelwertunterschieden oder einzelnen Mittelwerten, ebenso von Streuungen, Anteilswerten usw.

Signifikanztests sind nur dann sinnvoll, wenn man von einer Stichprobe auf die Grundgesamtheit schließen möchte. Will man dagegen lediglich Aussagen über die untersuchten Objekte machen und keinen statistischen Schluss vornehmen, kann auf einen solchen Test verzichtet werden (vgl. ausführlicher zum Signifikanztest Martin 1988; Bortz/Döring 2002, Beck-Bornholdt 2001; Dubben 2001).

9.3 Erstellung des Forschungsberichtes/ Präsentation der Ergebnisse

Nachdem statistische Auswertungen vorgenommen haben, müssen wir die Befunde auf die Fragestellung rückbeziehen und Schlussfolgerungen aus den Ergebnissen ziehen. Generell kommt es darauf an, überzeugend darzulegen, inwieweit die Daten die der Untersuchung zugrunde liegenden Vermutungen stützen oder nicht. In der Regel formuliert man diese Argumente in einem schriftlichen Forschungsbericht. Oftmals werden die Ergebnisse aber auch in mündlichen Präsentationen dargestellt, für die einige der folgenden Hinweise ebenfalls hilfreich sind.

Forschungsberichte in der betrieblichen Personalforschung

Wir möchten hier keine Hinweise für die Abfassung eines *wissenschaftlichen* Berichtes formulieren, sondern uns auf die *betriebliche* Personalforschung konzentrieren – auch wenn einige Hinweise sowohl für wissenschaftliche als auch praxisbezogene Berichte gleichermaßen sinnvoll sein dürften.

- Unabhängig davon, um welche Fragestellung es geht, sollte sowohl in einem schriftlichen Bericht als auch in einer Präsentation folgender Aufbau beachtet werden (Atteslander 2003: 355): Problemstellung – Vorgehensweise/Forschungsmethoden – Ergebnisse – Folgerungen.

- Der Bericht sollte eine *Kurzzusammenfassung* enthalten, in der die wichtigsten Aussagen knapp darzustellen sind. Eilige Leser werden hier zuerst nachlesen; manche werden sich gänzlich auf die Lektüre der Zusammenfassung beschränken. Daher muss die Zusammenfassung mit großer Sorgfalt formuliert werden.

- Bei der schriftlichen oder mündlichen Darstellung der Ergebnisse ist es nützlich, die beiden folgenden rhetorischen Muster zu verwenden. (a) *Von der Beschreibung zur Erklärung:* Das bedeutet, zunächst sind die *wesentlichen Variablenwerte* darzustellen, z.b. die durchschnittliche Fluktuationsquote. Dann sind *Unterschiede* herauszustellen, z.b. zwischen dem eigenen Unternehmen im Vergleich zum Branchendurchschnitt. Und anschließend sind die *Erklärungen für die Unterschiede* darzulegen und zu zeigen, dass man die beobachteten Unterschiede auch tatsächlich erklären kann. Mit Erklärung ist hier keine Erläuterung gemeint, sondern eine Argumentation, in der systematisch Gründe für das Zustandekommen der Zusammenhänge oder Unterschiede angeführt werden. Auf jeden Fall geht es hier darum, plausibel zu machen, *warum* Unterschiede bestehen. Systematisch ist diese Argumentation insbesondere dann, wenn man auf allgemeine Theorien zurückgreift und aus diesen die Argumente ableitet. (b) *Vom Abstrakten/Allgemeineren zum Konkreten/Einzelnen und wieder zurück zum Abstrakten/Allgemeineren:* Hiermit ist gemeint, dass man bei der Darstellung der Ergebnisse zunächst auf das eingeht, was man generell, abstrakt und allgemein erfassen will. Ein Beispiel aus einer Mitarbeiterbefragung zur Arbeitszufriedenheit: Zunächst ist die Bedeutung der Arbeitszufriedenheit relativ allgemein darzustellen. In einem zweiten Schritt geht man ins Einzelne, d.h. man berichtet die Antworten der einzelnen Arbeitszufriedenheitsfragen (z.B. nach der Zufriedenheit mit dem Vorgesetzten, mit

140

der Ausstattung des Arbeitsplatzes usw.). In einem dritten Schritt ist wieder zurückzukommen auf die Ausgangsfragestellung nach der Arbeitszufriedenheit, sonst verliert sich der Leser oder Zuhörer in der Menge der Einzelbefunde. Man muss also nach der Darstellung und Deutung von Einzelbefunden ein Fazit in Bezug auf die Arbeitszufriedenheit insgesamt ziehen und hier dann von Unterschieden in einzelnen Dimensionen der Arbeitszufriedenheit abstrahieren. Das Prinzip „allgemein – konkret – allgemein" gilt selbstverständlich nicht nur für die Darstellung einzelner Variablen bzw. für einzelne Abschnitte des Berichtes oder der Präsentation, sondern für den gesamten Aufbau.

- *Grafiken* sagen oft mehr als komplexe Zahlentabellen. Aber: Grafiken sollten immer durch *Zahlen* ergänzt werden, da vor allem Führungskräfte sich die Ergebnisse merken und in ihrer Argumentation, bei Vorträgen usw. weiterverwenden wollen (Borg 2000: 189).

- *Sinnlose Genauigkeit ist zu vermeiden.* Nicht selten findet man in Berichten Prozentwerte mit zwei oder noch mehr Stellen nach dem Komma. Oder es werden Korrelationen wie r = +0,27618 berichtet. In der Regel reicht es aber aus, von 67 statt von 66,67 Prozent und von r = +0,28 zu sprechen. Zumindest in der verbalen Darstellung – im Text – sollte man auf Scheingenauigkeiten durch viele Nachkommastellen verzichten; falls unbedingt erforderlich, kann man in einem Tabellenanhang präzisere Angaben machen.

- *Multivariate Verfahren sind in der Darstellung zu vermeiden*, zumindest in Präsentationen von Befunden in der betrieblichen Praxis. Sie können und sollten aber in der *Auswertungsphase* eingesetzt werden, um z.B. im Rahmen einer Skalenanalyse zu klären, welche Variablen überhaupt zu einem Index zusammenzufassen oder welche Variablen gemeinsam in Blöcken darzustellen sind, weil sie ein gemeinsames Konstrukt erfassen (Borg 2000: 189f.). Wenn dennoch Ergebnisse mit Hilfe multivariater Verfahren dargestellt werden sollen, kann man grafische Hilfsmittel einsetzen, z.B. Pfeildiagramme (vergleichbar mit den Diagrammen in Übersicht 11 oder 12, S. 56/58). Dabei weisen die Pfeile der „verursachenden", unabhängigen Variablen auf die abhängige Variable. Die relative Stärke des Einflusses der einzelnen Variablen lässt sich durch die Stärke der jeweiligen Pfeile symbolisieren.

- *Interpretationen, Bewertungen und Schlussfolgerungen sind von der Darstellung von Ergebnissen zu trennen.* So lässt sich ein und dasselbe Ergebnis – je nach theoretischem Hintergrund – auf völlig unterschiedliche Art und Weise interpretieren; das Ergebnis kann außerdem – je nach verwendetem Bewertungsmaßstab – unterschiedlich bewertet werden. So ist auch zu beachten, dass aus empirischen Befunden keine Gestaltungshinweise folgen, jedenfalls nicht im logischen Sinne. Eine korrekte Ableitung von Konsequenzen bzw. konkreten Maßnahmen würde die Einführung von Zielen erfordern. Ein Beispiel: Man stellt in einem Betrieb eine Fluktuationsquote von 20 Prozent fest. Ist diese Quote hoch? Muss oder sollte man sie zu reduzieren versuchen? – Ob die Quote hoch ist, kommt offenbar auf den Bewertungsmaßstab an, z.B. auf den Branchendurchschnitt. Ob man die Fluktuationsquote senken soll, hängt davon ab, ob man das Ziel hat, die Arbeitnehmer zu halten – der Betrieb könnte sich durchaus in einer Situation befinden, in der die Personalverantwortlichen über eine „hohe" Fluktuationsquote froh sind, weil sowieso ein Personalabbau geplant ist. Die wünschenswerte Offenlegung von Bewertungsmaßstäben und Zielen dürfte allerdings in der betrieblichen Praxis mikropolitische Grenzen haben.

Verständnisfragen:

44. Mit welchem statistischen Verfahren können Sie Zusammenhänge zwischen drei Variablen untersuchen?

45. Welches Analyseverfahren und welches Zusammenhangsmaß verwenden Sie am besten, wenn Sie die Stärke des Zusammenhangs zwischen zwei nominalen Variablen ausdrücken wollen?

46. Beschreiben Sie die grundsätzliche Logik des Signifikanztests.

47. Welche Punkte sind bei der Formulierung von praxisbezogenen Forschungsberichten zu beachten?

10 Personalstatistik – Kennziffern und Kennziffernsysteme

Die in der betrieblichen Personalforschung erhobenen Daten werden häufig in Form von Kennziffern dargestellt und für Entscheidungen herangezogen. Ein Beispiel: Den Personalakten kann man die krankheitsbedingten Fehltage entnehmen und eine Fehlzeitenquote berechnen, die die krankheitsbedingten Fehltage aller Mitarbeiter ins Verhältnis setzt zur Gesamtheit der Soll-Arbeitstage aller Mitarbeiter. In einem Unternehmen stehen allein im Personalbereich eine Vielzahl von Daten zur Verfügung, und wir können eine ganze Reihe von Kennziffern berechnen. Es ist daher sinnvoll, diese Daten bzw. Kennziffern *systematisch* zu speichern und zu verarbeiten, sodass bei konkreten Entscheidungen aus den vorhandenen Daten neue Kennziffern berechnet und Kennziffern miteinander verknüpft werden können. So ließe sich z.B. der Zusammenhang zwischen den Fehlzeiten einer Abteilung und deren Arbeitsleistung analysieren oder die Effekte einer Reduzierung der Fehlzeitenquote auf die Personalkosten.

Daten zur Berechnung von Kennziffern sind häufig in sog. Personalinformationssystemen gespeichert. Insbesondere wird für das Personal-Controlling häufig vorgeschlagen, *Systeme* von personalwirtschaftlich relevanten Kennzahlen zu verwenden. Übersicht 29 zeigt ein Kennzahlensystem und ausgewählte Kennzahlen.

Wir sehen, dass es eine Vielzahl mehr oder weniger sinnvoller Kennzahlen gibt und dass man noch viel mehr und völlig andere Kennziffern entwickeln könnte. Daher wäre es hilfreich, wenn wir über Gütekriterien verfügten, mit deren Hilfe sich einschätzen ließe, ob die jeweiligen Kennzahlen sinnvoll sind. Grundsätzlich ist zu beachten, dass die Kennzahlen die Operationalisierung relativ abstrakter Konstrukte darstellen; wir werden dies noch zeigen.

Als *Gütekriterien* für derartige Kennzahlen(systeme) lassen sich nennen (vgl. auch die Zusammenstellung bei Wimmer/Neuberger 1998: 559 und die dort angegebene Literatur):

- *Zielbezug*: Es müssen Ziele formuliert sein, und die Kennzahlen müssen in einem systematischen Zusammenhang mit diesen Zielen stehen.

- *Validität*: Die Kennzahlen müssen das Konstrukt (das, was eigentlich gemessen werden soll) auch tatsächlich messen.

- *Reliabilität*: Die Kennzahlen müssen *genau* messen. Dazu gehört auch, dass die Kennzahlen stets den *aktuellen* Zustand wiedergeben. Reliabilität heißt außerdem: Kennzahlen müssen in sich *konsistent* sein, es dürfen nicht „Äpfel und Birnen" miteinander verrechnet werden. (Bei der Likert-Skalierung haben wir dargelegt, wie man die Konsistenz einer aus mehreren Größen zusammengesetzten Kennzahl prüfen kann.)

- *Objektivität:* Die Daten für ein und dieselbe Kennzahl müssen von allen auch gleich erhoben und interpretiert werden, sonst sind Vergleiche zwischen Betrieben oder schon zwischen Abteilungen problematisch. Dies bedeutet u.a., dass *Vergleichsmaßstäbe* vorhanden sein müssen. Ohne Vergleichswerte kann man nicht entscheiden, ob eine bestimmte Ausprägung als „hoch" oder „niedrig" zu deuten ist (sind 5 Prozent Fehlzeiten „hoch" oder „niedrig"?).

- *Ökonomie:* Der Erhebungsaufwand muss in einem angemessenen Verhältnis zum Ertrag der Verwendung der Kennzahlen stehen.

- *Systematik:* Schließlich müssen die einzelnen Kennzahlen *systematisch* miteinander verknüpft sein, ansonsten würden wir nicht von einem Kennzahlen*system* sprechen wollen.

Es ist nicht sinnvoll, sammelwütig auf die Jagd nach Kennzahlen zu gehen, sondern es sollten zunächst die Ziele geklärt und genau überdacht werden, wie man entsprechende Zielgrößen operationalisieren kann, welche Probleme dabei auftreten und wie diese ggf. gelöst werden können. Wir wollen solche Überlegungen an zwei Beispielen verdeutlichen:

Beispiel 1: Zahl der Betriebsratseinsprüche als Kennzahl zur Messung der Qualität der Zusammenarbeit mit dem Betriebsrat?
Zum Beispiel schlägt Schulte (1990: 363, im Original teilweise Hervorhebungen) vor: „Zur Messung der Qualität der Zusammenarbeit mit dem Betriebsrat kann hilfsweise die Zahl der Betriebsratseinsprüche und deren Entwicklung im Zeitablauf herangezogen werden." Erfasst diese Maßzahl jedoch – auch nur „hilfsweise" – die Qualität einer sozialen Beziehung?

Begrenzung des Personalaufwandes	Leistungssteigerung der Mitarbeiter	Rentabilitätsverbesserung von Investitionen	Sicherung der Arbeitsplätze und Wahrnehmung sozialer Verantwortung
• Ziel-Personalbestand	• Struktur der Weiterbildungsmaßnahmen	• Qualifikationsstruktur	• Ausbildungsquote
• Arbeitsproduktivität	• Anzahl der Weiterbildungstage je Mitarbeiter	• Anteil der Schichtarbeiter	• Übernahmequote
• Netto-Personalbedarf	• Zahl der Teilnehmer und Veranstaltungen	• Arbeitsplatzstruktur (z.B. Anteil der Teilzeitbeschäftigten)	• Zahl der Betriebsratseinsprüche
• Vorgabezeiten	• Anteil der Personalentwicklungskosten an den Gesamtpersonalkosten	• Verteilung des Jahresurlaubs	• Behindertenanteil
• Leistungsgrad	• Krankenquote	• Anteil Mehrmaschinenbedienung	• Unfallhäufigkeit
• Überstundenquote			• Unfallbedingte Ausfallzeiten
• Durchschnittskosten pro Überstunde			• Kosten von Arbeitsunfällen
• Anzahl Bewerber pro Ausbildungsplatz			• Grad der Unfallschwere
• Vorstellungsquote			
• Frühfluktuationsrate			

Übersicht 29: Auszüge aus einem Personalkennzahlensystem (leicht modifiziert aus Schulte 1990: 353)

Wie genau misst eine solche Maßzahl? Sind hundert Einsprüche in einem Betrieb mit fünftausend Mitarbeitern „viel"; und drückt diese Zahl somit eine schlechte Zusammenarbeit aus? Kommt es nicht darauf an, auf welche Bereiche der Mitbestimmung sich die Einsprüche beziehen? – Diese Fragen müssten geklärt werden, um zu entscheiden, ob die vorgeschlagene Kennzahl geeignet ist. Uns erscheint die Güte der Kennzahl jedenfalls fragwürdig. Zwar haben wir es hier mit einem besonders abstrakten Konstrukt, der Qualität der Zusammenarbeit mit dem Betriebsrat, zu tun. Aber auch konkretere Konstrukte bzw. Kennziffern genügen keineswegs immer den oben genannten Anforderungen, wie das nächste Beispiel zeigt.

Beispiel 2: Durchschnittsalter der Mitarbeiter als Kennzahl zur Messung von ..., ja, von was?

Eine Kennzahl, die sehr häufig verwendet wird, ist das Durchschnittsalter der Beschäftigten. Was soll mit dieser Maßzahl erfasst werden? „In der Diskussion über das ‚optimale' Durchschnittsalter werden zugunsten eines niedrigen Durchschnittsalters der Mitarbeiter deren Bereitschaft zu Neuerungen genannt, während für ältere Mitarbeiter deren Erfahrung angeführt wird" (Schulte 1990: 362). Nehmen wir an, die Hypothese „Je älter ein Mitarbeiter ist, desto größer ist seine Erfahrung und desto geringer ist seine Innovationsbereitschaft" sei tatsächlich zutreffend. (Sie ist eigentlich nicht zutreffend, da auch ein älterer Mitarbeiter für eine bestimmte Arbeitsaufgabe völlig unerfahren sein kann, zudem gibt es sicher auch jüngere nicht innovationsbereite und ältere innovationsbereite Mitarbeiter.) Wir nehmen aber einmal an, dass ein Zusammenhang – wie in der Hypothese behauptet – tatsächlich existiert.) Das Ziel kann ja nicht darin bestehen, ein möglichst geringes Durchschnittsalter der Belegschaft zu erzielen, sondern es geht um etwas anderes: um die Schaffung bzw. Erhaltung einer bestimmten Personal*struktur*. Nehmen wir weiterhin an, es ginge darum, eine Personalstruktur mit innovationsbereiten Mitarbeitern zu schaffen, Erfahrung benötigten wir nicht (dies ist selbstverständlich eine kontrafaktische Annahme). Ist dann das Durchschnittsalter geeignet, die Innovationsbereitschaft des Personals annäherungsweise zu erfassen? Sicher nicht, denn ein und derselbe Durchschnitt kann aufgrund ganz unterschiedlicher Einzelwerte zustande gekommen sein: Ein Mittelwert von 40 ergibt sich, wenn alle Mitarbeiter 40 Jahre alt sind, aber auch dann, wenn 50 Prozent 20 Jahre und 50 Prozent 60 Jahre alt sind. Wir müssen also noch die *Streuung* des Alters kennen, um die Mittelwerte interpretieren und bewerten zu können. Kurz gesagt: Das Durchschnittsalter reicht als Kennziffer nicht aus, die Innovationskraft und Erfahrung des Personals zu messen.

Um nicht falsch verstanden zu werden: Wir sprechen uns keineswegs gegen die Entwicklung von Kennzahlen aus, wir wollen lediglich darauf hinweisen, dass auch scheinbar „harte" Maßzahlen oftmals große Probleme aufwerfen und dass ein leichtfertiger Umgang mit Zielbezugs-, Validitäts-, Reliabilitätsproblemen usw. zu Fehlentscheidungen mit erheblichen negativen Konsequenzen führen kann. Wir sind außerdem der Meinung, dass es durchaus zulässig ist, Hilfsgrößen heranzuziehen, um bestimmte Sachverhalte zu erfassen. Dies ist oftmals schon aus ökonomischen Gründen erforderlich: Man muss nicht unbedingt die Innovationsbereitschaft des Personals erheben, dies wäre sicher sehr aufwendig – man muss sich aber Gedanken darüber machen, dass das Durchschnittsalter zumindest als alleinige Größe wenig aussagt und dass man diese Zahl nur sehr vorsichtig interpretieren darf. Die gleiche Vorsicht gilt dann auch für Entscheidungen, die man ggf. auf der Basis solcher indirekten Messwerte trifft. Man erfasst eben nicht die tatsächliche Größe, sondern arbeitet mit Indikatoren und entsprechenden Hilfshypothesen – wie in der wissenschaftlichen Personalforschung, der man dies oftmals gerade von Seiten der Unternehmenspraxis als Kritik entgegenhält.

Verständnisfragen:

48. Nennen Sie fünf Beispiele für wichtige personalwirtschaftliche Kennziffern.

49. Welche Kriterien werden verwendet, um die Güte von Kennziffern zu beurteilen?

50. Unterscheiden sich die Gütekriterien, die für die Beurteilung wissenschaftlicher Ergebnisse verwendet werden, von den Gütekriterien zur Bewertung praxisbezogener, personalwirtschaftlicher Kennziffern? Wenn ja, in welcher Hinsicht?

11 Personalforschung als umkämpftes Gebiet: Interessen, Ethik und Recht im Bereich der Personalforschung

Um Fragen betrieblicher Personalforschung entzünden sich nicht selten Konflikte, zwischen Arbeitnehmern und Betriebsrat auf der einen Seite und der Betriebsleitung auf der anderen Seite. Rechtliche Regelungen (z.b. darüber, was wer wie „erforschen" darf oder nicht) kanalisieren und regulieren solche Konflikte. Wenn man grundsätzlicher denkt, dann geht es bei Differenzen verschiedener Interessengruppen auch um ethische Probleme, die nicht immer durch rechtliche Regelungen gelöst werden: Nicht alles, was rechtlich zulässig ist, ist auch ethisch gerechtfertigt. Wir betrachten zunächst die Konflikte, dann die ethischen Probleme und schließlich die rechtlichen Regulierungen.

11.1 Personalforschung aus einer Konflikt-Perspektive – Personalforschung als Konflikthandhabung

Personalforschung ist immer interessengeleitet. Ohne Interesse sind Erkenntnis und Informationsgewinnung nicht möglich. Die Interessen betrieblicher Akteure sind unterschiedlich. Vielfach stehen sie in einem konfliktären Verhältnis zueinander. Wäre dies nicht so, entstünden auch keine rechtlichen oder ethischen Probleme; diese resultieren vielmehr aus Interessengegensätzen. Rechtliche Regelungen können Lösungen bzw. Problemhandhabungen von Konflikten darstellen.

Wir wollen hier die Probleme und möglichen Konflikte nicht abstrakt abhandeln, sondern sie an einem konkreten Beispiel verdeutlichen. Uns ist ein Unternehmen bekannt[2], bei dem sich Betriebsleitung und Betriebsrat darin einig waren, dass die Ursachen für die – von beiden Parteien – als zu hoch erachteten und über dem Branchendurchschnitt liegenden krankheitsbedingten Fehlzeiten der gewerblichen Arbeitskräfte mit Hilfe eines wissenschaftlich begleiteten Forschungsprojektes herausgefunden werden sollten.

Welche Interessen standen hinter diesem Projekt? Die *Betriebsleitung* wollte zum einen die Fehlzeiten senken. Sie vermutete, dass ein nicht ge-

---

[2] Die Fallschilderung basiert auf Tatsachen, zeichnet diese aber aus datenschutzrechtlichen und didaktischen Gründen nicht in allen Details nach. Anders gesagt: Es handelt sich um stilisierte Fakten.

ringer Anteil der sich krank meldenden Arbeitskräfte tatsächlich nicht krank war. Deshalb bestand ein besonderes Interesse daran, bei der Erhebung zwischen langfristigen und kurzfristigen Fehlzeiten zu trennen. Man nahm an, dass gerade die kurzfristigen Fehlzeiten eher als Reaktionen auf aktuelle Probleme zu interpretieren seien, etwa als Folge von Streitigkeiten mit dem Vorgesetzten (den Meistern) oder anderer Unzufriedenheit hervorrufender Vorkommnisse am Arbeitsplatz. Der Betriebsrat meinte dagegen, dass die kurzfristigen Fehlzeiten immer krankheitsbedingt und sogar „zu niedrig" wären, weil viele Arbeitnehmer trotz z.b. einer Grippeerkrankung nicht zu Hause blieben, sondern ihrer Arbeit im Betrieb nachkämen. Unzufriedenheit mit den Meistern etc. würde sich dagegen nicht in Fehlzeiten niederschlagen, sondern eher in Frustration und Beschwerden beim Betriebsrat. Die Betriebsleitung hatte unabhängig von der Fehlzeitenproblematik auch ein Interesse daran, Hierarchien abzubauen, konkret: die Meisterebene personell „auszudünnen". Der Nachweis von Führungsproblemen auf Meisterebene würde die Betriebsleitung zumindest in ihrer Argumentation gestützt haben, dass so viele Meister doch gar nicht erforderlich seien. Ein weiterer Streitpunkt war schon in der Entwicklungsphase des Forschungsprojektes der mögliche Einfluss der Arbeitsbelastung auf die Höhe der Fehlzeiten.

Der *Betriebsrat* betrachtete es schon lange als sein Anliegen, die Arbeitsbelastung zu reduzieren, die vor allem im Heben und Tragen von schweren Lasten bestand. Er hatte bereits selbst eine Mitarbeiterbefragung durchgeführt und festgestellt, dass rund 70 Prozent der gewerblichen Mitarbeiter über eine zu hohe Arbeitsbelastung durch Heben und Tragen klagten. Der Zusammenhang mit den Fehlzeiten war zwar bisher nicht untersucht worden, der Betriebsrat war sich aber sicher, dass gerade die Schwere der Arbeit einen massiven Einfluss auf die Fehlzeiten und insbesondere auf längere Erkrankungen hätte. Ein solcher Befund würde ihn natürlich in seinem Vorhaben, die Arbeitsbelastung zu reduzieren, unterstützt haben.

Wie sieht es nun mit den *Interessen der Forscher* aus? Einer der beiden Forscher hatte das Interesse, mit dem Konzept von Hackman und Oldham (1980) zu arbeiten und die Zusammenhänge zwischen wahrgenommener Arbeitssituation, Zufriedenheit und Fehlzeiten vor diesem Hintergrund zu interpretieren. In diesem Ansatz ist die Schwere der Arbeit im Sinne körperlicher Belastung aber keine relevante Größe. Der Forscher argumentierte, man solle die Untersuchung „nicht unnötig komplizieren" und die Arbeitsschwere außer Acht lassen, schon deshalb, weil die Forschungsarbeit zu einem bestimmten Termin fertig sein müsse. Der zweite Forscher neigte von vornherein der Position des Betriebsrates zu und argumentierte, dass man die Arbeitsschwere unbedingt als zusätzliche Variable mit aufnehmen müsse, gerade wenn und weil der Ansatz von Hackman/ Oldham dies nicht vorsähe. Die Betriebsleitung und der Betriebsrat hatten sich bereits im Vorfeld der Untersuchung über die Auswahl der Forscher gestritten. Beide Seiten hatten zunächst Wissenschaftler vorgeschlagen, die jedoch von der jeweils anderen Partei als nicht neutral – „arbeitgebernah", „gewerkschaftsnah" – angesehen wurden. Man einigte sich auf das schließlich eingesetzte Wissenschaftler-Team, nicht weil diese tatsächlich neutral waren, eher weil beide Parteien „damit leben konnten".

Nicht nur bei der Hypothesenbildung und bei der Auswahl der Forscher spielten Interessen eine Rolle, sondern auch bei der Interpretation der Befunde sowie bei den daran anschließenden praktischen „Schlussfolgerungen". Die Ergebnisse der schriftlichen Befragung zeigten, dass die Ursachen der Fehlzeiten insgesamt eher in der Schwere der Arbeit bestanden: Arbeitskräfte, die schwer heben und tragen mussten, fehlten besonders häufig und lange und litten vor allem an Erkrankungen im Zusammenhang mit Überlastungen der Wirbelsäule. Weiter ließen die Befunde aber unabhängig davon einen Einfluss der Unzufriedenheit mit dem Vorgesetzten auf die kurzfristigen Fehlzeiten (nicht auf die langfristigen Fehlzeiten) erkennen. Allerdings war der Einfluss der Unzufriedenheit mit den Vorgesetzten deutlich geringer als der Einfluss der Arbeitsschwere. Wie deuteten nun die Parteien die Befunde? Der Betriebsrat konzentrierte sich bei der Interpretation auf die Arbeitsschwere und sah sich in seiner Auffassung bestätigt, dass hier der Haupteinflussfaktor für die Fehlzeiten läge. Erneut erhob er seine Forderung, die Arbeitsbelastung zu reduzieren (etwa durch vermehrten Einsatz mechanischer Halte-, Hebe- und Transportvorrichtungen). Die Betriebsleitung sah sich ebenfalls in ihrer Auffassung bestätigt, schließlich – so ihre Argumentation – habe die Untersuchung deutlich gezeigt, dass gerade die kurzfristigen Fehlzeiten nicht krankheitsbedingt seien, sondern eher auf Unzufriedenheiten zurückgingen. Dieser Sachverhalt müsse abgestellt werden, zum

einen durch eine striktere Kontrolle der sich krank meldenden Arbeitskräfte, zum anderen durch eine massive Umstrukturierung der Meisterebene, wobei man vor allem daran denke, bei den Abteilungen anzuset-
zen, bei denen die größte Unzufriedenheit herrsche. Die Arbeitsschwere
sah man als geringes Problem an, zudem könne man aufgrund der
schlechten wirtschaftlichen Lage des Unternehmens keine teuren technischen Veränderungen vornehmen.

Wie ging die Geschichte aus? Weder die eine noch die andere Maßnahme
wurde realisiert. Das Unternehmen, das schon längere Zeit unter Liquidi-
tätsproblemen litt, wurde von einem ausländischen Investor aufgekauft.
Es folgte ein massiver Personalabbau, in dessen Kontext von Belastungs-
reduzierung und Führungsproblemen keine Rede mehr war. Die Fehlzeiten sanken, vermutlich, weil viele leicht erkrankte Arbeitskräfte aus
Angst um ihren Arbeitsplatz trotz ihrer Krankheit am Arbeitsplatz erschienen.

Da es im Bereich des Personalmanagements um den Austausch von Arbeitsleistung gegen Entgelt geht und alle Parteien versuchen, bei diesem
Tausch möglichst gut abzuschneiden, ist es kaum verwunderlich, dass
Personalforschung als Instrument der Interessendurchsetzung genutzt
wird. So können z.B. Mitarbeiterbefragungen von der Unternehmensleitung dazu verwendet werden, den Beschäftigten deutlich zu machen, dass
man sich um ihre Belange kümmert (siehe hierzu Domsch/Schnebele
1992: 1377); sie können aber auch mit dem Ziel eingesetzt werden, die
Befragten erst auf bestimmte Missstände aufmerksam zu machen (Kar-
sunke/Wallraff 1970; Satzer 1991). Und wohl kaum jemand wird daran
zweifeln, dass hinter einem Personalauswahlgespräch, das wir hier ebenfalls als Personalforschung – wenn auch als eine spezifische Form – ansehen, massive Interessen stehen: Der Arbeitgeber will einen Kandidaten
auswählen, und zwar „den besten", und alle anderen ausschließen, die
Bewerber wollen dagegen alle ausgewählt werden. Gleiches gilt für die
Arbeitsbewertung, die die Arbeitsschwierigkeit nicht „zutreffend" erfasst: Sie führt zu einer „zu hohen" oder „zu niedrigen" Entlohnung, was
mit massiven Interessenverletzungen verbunden ist; und deshalb ist bereits die Methode umstritten. Insgesamt unterliegen also auch die Forschungsmethoden, die Datenauswertung und -interpretation massiven
Interessenauseinandersetzungen. Und so ist es kaum verwunderlich, dass

wir rechtliche Regelungen über die Mitbestimmung des Betriebsrates bei Mitarbeiterbefragungen, bei der Personalauswahl und bei der Arbeitsbewertung finden, dass rechtlich begrenzt ist, was z.b. ein Arbeitgeber bei einem Einstellungsgespräch fragen darf usw.

Wenn nun aber Interessen die Entscheidung über den Einsatz bestimmter Forschungsvorhaben, die Formulierung von forschungsleitenden Hypothesen, die Auswahl von Forschern, die Interpretation der Befunde etc. beeinflussen, müssen wir nicht zu dem Schluss kommen, dass objektive Forschung unmöglich und damit jeder Befund beliebig und damit bedeutungslos ist? Dieser Schluss wäre zumindest voreilig und letztlich falsch. Auf eines können wir nicht setzen: auf die Neutralität der Forscher. Wissenschaftler sind keineswegs neutral. Wie alle Menschen haben sie Vorurteile, sie neigen bestimmten politischen Richtungen zu. Manche vertreten sogar die extrem politische Auffassung, dass sie in Bezug auf die betrieblichen Interessenkonstellationen neutral seien oder wenigstens sein sollten. Nein, es sind nicht die Forscher, vielmehr sind es die von vielen akzeptierten Methoden und Regeln der Forschung selber, die einen Beitrag zur Objektivierung leisten können. Die Methoden der Personalforschung, die Kriterien zur Bewertung von Verfahren und Befunden sind eine Art Argumentations-, Kommunikations- und Diskussionshilfe: Sie helfen uns, darüber nachzudenken und mit anderen darüber zu sprechen, zu argumentieren, ob nicht bestimmte Ergebnisse die Realität doch wenigstens annähernd wiedergeben, ob nicht bestimmte Methoden besser, weil weniger interessenanfällig sind usw. Weder Unternehmensleitung noch Betriebsrat werden sich z.B. ohne weiteres und auf lange Sicht empirischen Befunden aus Mitarbeiterbefragungen verschließen können. Und transparente, klaren Regeln folgenden und als relativ objektiv einzuschätzenden Personalauswahl- oder Arbeitsbewertungsverfahren dürften besser sein als intransparente, willkürliche, kaum bewertbare und damit auch nur schwer diskutierbare Verfahren – wobei wir unterstellen, dass Personalauswahl und Arbeitsbewertung unvermeidbar sind und „immer", wenn auch informell, stattfinden. Kenntnisse über Möglichkeiten der Forschung und über Kriterien zur Beurteilung von Forschungsinstrumenten und -verfahren können die Wahrscheinlichkeit erhöhen, dass sich die „besseren" Argumente durchsetzen. Allerdings muss die Möglichkeit der Argumentation institutionalisiert sein, es muss das Recht bestehen, Argumente überhaupt einbringen zu können, z.B. im Rahmen der Mitbestimmung, aber auch z.B. vor Gericht. Recht, insbesondere das Arbeitsrecht, reguliert die Konflikte auch im umkämpften Terrain (Edwards 1981) der Personalforschung. Werfen wir aber zunächst einen Blick auf die ethischen Probleme der Personalforschung.

11.2 Ethische Probleme

Ethische Probleme zeigen sich vor allem in folgenden Bereichen (vgl. hierzu Schuler 1980; Martin 1994: 300ff.):

Verhaltensbeschränkungen durch Manipulation der Situation. In der psychologischen Forschung wird sehr häufig auf das Experiment („Menschenversuche") als ethisch nicht unbedenkliche Methode der Datengenerierung hingewiesen (vgl. Huber 2000: 182-189), denn hier wird das Verhalten von Versuchspersonen ohne ihr Wissen extern kontrolliert. In der betrieblichen Personalforschung haben wir ähnliche Probleme. Zum Beispiel wird beim Assessment-Center-Verfahren ebenfalls die Situation manipuliert. Dies ruft Verhaltensweisen der Bewerber hervor, die ihnen selbst schaden können. Diese Verhaltensweisen werden der Beobachtung zugänglich gemacht; und auch hier haben die Bewerberinnen und Bewerber keine Kenntnis über den genauen Zweck der von ihnen auszuführenden Übungen. Sie wissen z.B. nicht, ob sie sich in einer Gruppendiskussion, die ein wesentliches Element bei Assessment-Center-Verfahren darstellt, eher kooperativ und moderierend verhalten sollen oder eher konkurrenzorientiert und ihre Position durchsetzend. Noch wesentlich problematischer – hierauf haben wir hingewiesen – sind einige nonreaktive Datenerhebungsmethoden (z.B. agent provocateur).

Psychische oder physische Gefährdungen bzw. Beeinträchtigungen. In den meisten Fällen ist zu vermuten, dass Personalforschung keine physischen Beeinträchtigungen verursacht, sie sind jedoch nicht auszuschließen: Befragungen können zumindest kurzfristige psychische Belastungen hervorrufen – direktive Auswahlinterviews, die externe oder interne Personalforscher durchführen, lösen massiven Stress aus. Die Bekanntgabe von Testergebnissen kann das Selbstbild der Getesteten gefährden, z.B. wenn ihnen – was durchaus vorkommt – eine „mangelhafte" Persönlichkeitsstruktur bescheinigt wird.

Nicht-Information oder Täuschung über die wahre Fragestellung und tatsächliche Verwendung der Ergebnisse. Betrachten wir zunächst die wissenschaftliche Personalforschung. Hier stellt sich z.b. die Frage, ob und inwieweit es zulässig ist, bei schriftlichen Befragungen von betrieblichen Personalexperten diese über den wahren Zweck der Untersuchung zu täuschen. Häufig wird vermutet, dass die Antworten dadurch beeinflusst werden könnten, dass der Untersuchungszweck und die Forschungshypothesen deutlich erkennbar sind. Also greift man zu der Lösung, inhaltlich zusammengehörende Fragen über den gesamten Fragebogen zu verteilen und evtl. auch Begriffe, die Ablehnung erzeugen könnten, zu vermeiden. Wenn ein Wissenschaftler z.b. das Ausmaß der Frauendiskriminierung bei Bewerbungen erforschen will, tut er sicher gut daran, auf diese Fragestellung nicht allzu sehr aufmerksam zu machen. Konflikte zwischen den Erkenntniszielen einerseits und der Befolgung bestimmter ethischer Grundsätze andererseits sind nicht selten. Betrachten wir nun die betriebliche Personalforschung: Darf man vorgeben, dass man eine Untersuchung über Fehlzeiten mit dem Zweck durchführt, gesundheitserhaltende Maßnahmen einzuführen oder belastende Arbeitsplätze umzugestalten, während man in Wirklichkeit herausfinden will, welche Mitarbeiter besonders häufig und zu bestimmten Zeiten fehlen? Personalinformationssysteme bieten die Möglichkeit, gleichsam den „gläsernen Mitarbeiter" zu erschaffen. Inwieweit ist es aber ethisch vertretbar, scheinbar „harmlose" Einzeldaten über Mitarbeiter zu erheben, diese Einzelinformationen später aber zu einem komplexen Gesamtbild zusammenzufügen?

Hier ist nicht der Platz, um Lösungen für die recht komplexen ethischen Probleme vorzuschlagen und zu diskutieren. Wir wollen uns daher im Folgenden auf eine knappe Darstellung der rechtlichen Regulierungen der Personalforschung beschränken.

11.3 Rechtliche Regulierungen

Auch bei den rechtlichen Regelungen im Bereich der Personalforschung (vgl. im Folgenden insb. Däubler 1998: 297-329; Breisig 1993) ist zu unterscheiden zwischen betrieblicher und wissenschaftlicher Personalforschung. *Betriebliche* Forschung unterliegt sehr viel stärkeren Beschränkungen, weil sie in vielen Fällen kaum von einer *Kontrolle* der Mitarbeiter abgegrenzt werden kann. Zu berücksichtigen ist, dass man den rechtlichen Begrenzungen nicht ohne weiteres dadurch entgehen kann, dass man wissenschaftliche Forscher für betriebliche Erkenntnisinteressen einsetzt.

Rechtliche Begrenzungen liegen zum einen in den Individualrechten des einzelnen Arbeitnehmers, zum anderen in den Kollektivrechten, d.h. vor allem in den Mitbestimmungsrechten des Betriebsrates.

Individualrechte und daraus folgende Begrenzungen

Grundsätzlich gilt, „... dass der Einzelne nicht zum Objekt eines von dritter Seite gesteuerten Verfahrens gemacht werden darf, dass er Herr seiner eigenen Leibesregungen und ihrer Ausdeutung durch andere bleiben muss" (Däubler 1998: 297). Hierzu gehört z.B. das Recht auf informationelle Selbstbestimmung, das Recht am eigenen Bild u.ä. Das bedeutet im Konkreten:

- *Datenerhebungsverfahren finden ihre Grenze im Verbot betrieblicher Totalkontrolle. Unzulässige* Datenerhebungsverfahren sind etwa die Beobachtung durch Einwegscheiben, Überwachung durch ständige Filmaufzeichnungen, durch permanente akustische Ausforschung, durch das Abhören von Telefonaten oder durch die Analyse der Inhalte von E-Mails. *Nicht generell unzulässig* ist dagegen der Einsatz von sog. Produktografen, d.h. von solchen Apparaturen, die geeignet sind, Dauer und Intensität des Laufes und der Bedienung einer Maschine zu erfassen und damit die Arbeitsleistung der Mitarbeiter zu kontrollieren. Hier sind aber auf jeden Fall Mitbestimmungsrechte des Betriebsrates nach § 87 Abs. 1 Nr. 6 BetrVG zu beachten. Auch der Einsatz von Detektiven zur Ausforschung der Mitarbeiter ist in begründeten Einzelfällen zulässig.

- *Datenerhebung, -speicherung und -verwendung finden ihre Grenzen im Datenschutz.* So darf z.B. die Personalakte nur Angaben enthalten, die sich direkt auf das Arbeitsverhältnis beziehen; Fakten aus dem Privatleben dürfen nicht aufgenommen werden. Nicht erlaubt ist die Speicherung von Daten, die auf unzulässige Weise erhoben wurden, die eine Totalüberwachung ermöglichen, die die Konstruktion eines Persönlichkeitsprofils zulassen, die unzutreffend sind, die in keinem unmittelbaren Zusammenhang mit dem derzeitigen Arbeitsverhältnis stehen oder unter Verletzung von Mitbestimmungsrechten gewonnen wurden. Eine Datenweitergabe ist nur bei berechtigten Interessen bzw. Interessen der Allgemeinheit zulässig, z.B. bei statistischen Erhebungen. Daraus folgt aber nicht, dass Daten, etwa aus den Personalakten, ohne weiteres an individuelle, externe Forscher weitergegeben werden dürfen. Genaueres regelt u.a. das Bundesdatenschutzgesetz.

Mitbestimmungsrechte des Betriebsrates

Ob Mitbestimmungsrechte des Betriebsrates zum Tragen kommen, ist abhängig vom Gegenstand und von der Methode des Personalforschungsvorhabens:

Forschung zu wissenschaftlichen Zwecken ohne betriebliche Absichten ist in der Regel mitbestimmungsfrei (Breisig 1993: 236), allerdings ist eine ausführliche Information im Rahmen des Gebots der vertrauensvollen Zusammenarbeit notwendig.

Bei der *betrieblichen Personalforschung* sind dagegen sehr viel stärker unterschiedliche Mitbestimmungsrechte zu beachten:

• Die Erhebung und Verarbeitung von Daten zur Personalplanung sind nicht mitbestimmungspflichtig (wohl aber die Maßnahmen der Personalplanung);

• der Einsatz von Personalfragebögen ist mitbestimmungspflichtig (§ 94 Abs.1 BetrVG: Personalfragebogen);

• alle „technischen Einrichtungen (z.B. Zeiterfassungssysteme), die dazu bestimmt sind, das Verhalten oder die Leistung der Arbeitnehmer zu überwachen" (§ 87 Abs. 1 Nr. 6 BetrVG) sind mitbestimmungspflichtig;

• Mitarbeiterbefragungen, die *nicht anonymisiert* sind, sind allenfalls in Ausnahmefällen zulässig (siehe oben bei den Individualrechten); außerdem gelten die Mitbestimmungsrechte des Betriebsrates nach § 94 Abs. 2 BetrVG: Beurteilungsgrundsätze und § 95 BetrVG: Auswahlrichtlinien;

• bei *anonymisierten* Mitarbeiterbefragungen bestehen ebenfalls Mitbestimmungsrechte nach § 94 Abs. 1 BetrVG: Personalfragebogen, § 94 Abs. 2 BetrVG: Beurteilungsgrundsätze und § 95 BetrVG: Auswahlrichtlinien.

Die Beachtung geltender Mitbestimmungsrechte sollte bei der Erfassung personalwirtschaftlich relevanter Informationen selbstverständlich sein. Darüber hinaus halten wir eine umfassende und über die garantierten Mitbestimmungsrechte hinausgehende Information des Betriebsrates und der Arbeitnehmer für notwendig. Informiert werden sollte über die Art und Weise sowie über das Ziel der Datenerhebung, über die Datenspeicherung sowie über Interpretation und Verwendung der Ergebnisse. Zur korrekten Forschung gehört unseres Erachtens auch die schriftliche Zusicherung absoluter Anonymität und – bei wissenschaftlicher Personalforschung – die Begrenzung der Datennutzung auf ausschließlich wissenschaftliche Zwecke. In vielen Fällen ist es angebracht, die Daten nach einer bestimmten Frist zu löschen oder (natürlich anonymisiert) zur öffentlichen Nutzung freizugeben. Man könnte auch vereinbaren, dass eine spätere Nutzung durch Arbeitgeber *und* Betriebsrat möglich ist. Weiterhin sollte es zumindest bei wissenschaftlicher Personalforschung selbstverständlich sein, den Akteuren einen Bericht, ggf. einen Kurzbericht, über die Ergebnisse eines Forschungsvorhabens zukommen zu lassen.

Verständnisfragen:

51. Nennen Sie drei Beispiele aus der betrieblichen Personalforschung, bei der ethische Probleme auftreten können. Welche ethischen Probleme sind dies?

52. Nennen Sie wichtige rechtliche Regelungen, die bei Mitarbeiterbefragungen zu beachten sind.

Zusammenfassung

In diesem Skript machen wir Sie mit den wesentlichen Problemen und Problemlösungen der betrieblichen, zum Teil auch der wissenschaftlichen Personalforschung vertraut. Wir vertreten eine relativ weite Auffassung von Personalforschung, d.h. wir fassen alle Arten der systematischen Gewinnung und Verarbeitung von Informationen zur Unterstützung personalwirtschaftlicher Entscheidungen unter diesen Begriff. Neben der Mitarbeiterbefragung betrachten wir z.B. auch das Personalauswahlgespräch, die Beurteilung von Mitarbeitern oder die Gewinnung und Verarbeitung von personalwirtschaftlichen Kennziffern im Rahmen des Personal-Controllings als Personalforschung.

Personalwirtschaftliche Verfahren, wie die oben beispielhaft genannten, können verbessert werden, wenn man sie aus der Perspektive der empirischen Forschung analysiert und bewertet: Man kann etwa prüfen, ob die Methoden der Erkenntnisgewinnung den Gütekriterien entsprechen, die *generell* zur Bewertung empirischer Forschung und ihrer Resultate herangezogen werden. Weiterhin kann man bestimmte Regeln und Empfehlungen der empirischen Sozialforschung – z.B. wie Stichproben gezogen, welche Skalenniveaus unterschieden, aber auch, wie Interviews oder systematische Beobachtungen durchgeführt werden – nicht nur für die empirische Forschung im engeren Sinne nutzen, sondern auch für die Planung und Konzeption eines Assessment-Centers, die Evaluation einer Personalentwicklungsmaßnahme oder anderer personalwirtschaftlicher Instrumente.

Es geht bei der empirischen (Personal-)Forschung im Kern darum, bestimmte Sachverhalte zu erfassen bzw. zu messen. Hierzu stehen uns unterschiedliche Verfahren zur Verfügung. Wir benötigen deshalb einerseits Kriterien zur Beurteilung von Messungen und zum anderen – damit zusammenhängend – zur Bewertung von Datenerhebungsmethoden. Die Kriterien Validität, Reliabilität und Objektivität dienen der *Beurteilung der Güte der Messung* bestimmter Sachverhalte oder Merkmale. Zur *Bewertung und Auswahl von Datenerhebungsmethoden* schlagen wir eine Reihe weiterer Kriterien vor, z.B. das Kriterium der Variablenadäquatheit. Dieses besagt, dass die Methode den zu erfassenden Variablen angemessen sein muss. Ziele und Einstellungen von Mitarbeitern lassen sich beispielsweise schwer aus der Beobachtung ihrer Handlungen erschließen. Das Kriterium der Feldzugangsadäquatheit verweist darauf, dass die Methode den Zugang zum Forschungsfeld ermöglichen sollte; so sind Führungskräfte häufig eher zu einem persönlichen Interview bereit, als einen schriftlichen Fragebogen auszufüllen. Weiterhin muss eine Methode dem Kriterium der Individualadäquatheit genügen; hier geht es insbesondere darum, methodisch zu vermeiden, dass der Forscher nur "sieht", was er erwartet.

Wir zeigen, wie man abstrakte Konstrukte – wie z.B. das der Sozialkompetenz – *messen*, zunächst aber *operationalisieren* kann: Sachverhalte, die wie die Sozialkompetenz durch theoretische, abstrakte Begriffe bezeichnet werden, können nicht direkt „beobachtet" werden. Es muss daher eine Art Übersetzungsregel formuliert werden, wie man die unbeobachtbaren Ausprägungen der Sozialkompetenz mit beobachtbaren Sachverhalten (Indikatoren) in Verbindung setzt. Diese „Übersetzungsregel" wird als Operationalisierung bezeichnet.

Für Messungen setzen wir *Skalen* ein. Wir unterscheiden verschiedene Skalenarten (Nominalskala, Ordinalskala und metrische Skalen). Außerdem erläutern wir das Verfahren der *Likert-Skalierung* (Methode der summierten Einschätzung): Sie lernen, wie z.B. die Lernbereitschaft, aber auch die Sozialkompetenz und andere Konstrukte, mit einer Vielzahl von Fragen bzw. Aussagen erfasst und in einem einzigen Zahlenwert quantifiziert werden können. Da nicht alle zu messenden Sachverhalte nur in einer einzigen Dimension erfasst werden können, wie dies bei Skalen der Fall ist, beschäftigen wir uns zudem mit *Typologien*.

Bevor Sie eine Erhebung durchführen, müssen Sie die *Untersuchungsform* (das Design) festlegen: Die wichtigsten Formen sind einerseits Querschnitt- und Längsschnittdesigns, andererseits Experimentelle versus Nicht-experimentelle Designs. Bei einem Querschnittdesign wird eine einmalige Erhebung durchgeführt, bei Längsschnittdesigns wird dieselbe Untersuchung wiederholt vorgenommen. Mit Experimentellen Designs wird die Wirkung einer vom Forscher bewusst vorgenommenen Veränderung untersucht. Dazu werden die Unterschiede zwischen *Experimentalgruppe*, die diejenige Personen umfasst, die der Veränderung unterworfen werden und *Kontrollgruppe*, d.h. der Personengruppe, bei der die Veränderung nicht vorgenommen wird, betrachtet.

Bei jeder Datenerhebung ist zu klären, ob eine Vollerhebung durchgeführt werden soll, d.h. ob z.b. alle Mitarbeiter befragt werden sollen, oder ob eine Teilerhebung ausreicht. Entscheiden Sie sich für eine Teilerhebung, bieten sich unterschiedliche *Auswahlverfahren für die Ziehung der Stichprobe* an. Das wichtigste Verfahren ist die Zufallsauswahl: Nur bei einer Zufallsauswahl können wir von den Stichprobenergebnissen auf die Grundgesamtheit schließen.

Jede empirische Untersuchung verlangt eine Festlegung über das geeignete *Datenerhebungsverfahren*: Wir beschreiben die zentralen Datenerhebungsverfahren Befragung, Beobachtung, Inhaltsanalyse und nonreaktive Methoden. Die schriftliche oder mündliche Befragung ist weit verbreitet und bekannt. Beobachtungen werden u.a. beim Assessment-Center-Verfahren oder bei Zeitaufnahmen im Rahmen der Arbeitsbewertung eingesetzt; auch beim Personalauswahlgespräch beobachten wir zwangsläufig. Insbesondere ist bei der Methode der Beobachtung zu entscheiden, ob man ein Schema verwendet, das die zu beobachtenden Merkmale und ihre möglichen Ausprägungen vorab eindeutig festlegt. Die Inhaltsanalyse wird z.B. für die Analyse von Stellenanzeigen herangezogen. Wir zeigen Ihnen unterschiedliche Formen der Inhaltsanalyse. Nonreaktive Methoden sind entwickelt worden, um dem Problem Rechnung zu tragen, dass die Datenerhebung selbst die Messung beeinflussen kann. Zum Beispiel kann es sein, dass ein Bewerber, da er sich der Beurteilungssituation bewusst ist, sich in seinem Antwortverhalten daran orientiert, was er meint, was der Interviewer gerne hören möchte. In diesem Sinne sind verdeckte Beobachtungen weniger reaktiv als Befragungen.

Nach der Datenerhebung müssen die *Daten aufbereitet und ausgewertet* werden. Wir zeigen, wie Daten zu kodieren sind, d.h. wie den Ausprägungen der Variablen Werte zugewiesen werden, wie eine Datenmatrix aufgebaut wird, was bei der Fehlerkontrolle zu beachten ist und wie man Variablen sinnvoll umformen kann. Nicht zuletzt stellen wir grundlegende *Techniken der Datenanalyse* vor: den Mittelwertvergleich und die Kreuztabellenanalyse. Mit diesen Techniken können Sie Unterschiede zwischen Untersuchungseinheiten (z.B. zwischen Mitarbeitern oder Arbeitsplätzen) feststellen und Zusammenhänge zwischen Variablen analysieren. Das Prinzip der Korrelationsanalyse skizzieren wir, ohne auf statistische Details einzugehen. Wir erläutern Ihnen zudem das Prinzip eines *Signifikanztests*: Mit einem Signifikanztest wird ausgehend von Merkmalen einer Stichprobe berechnet, mit welcher Wahrscheinlichkeit z.B. ein Unterschied oder ein Zusammenhang auch in der Grundgesamtheit besteht.

Die *Ergebnisse der Auswertungen* sind in einer sinnvollen, für betriebliche Entscheidungen geeigneten Form *darzustellen*: Auch für diesen Arbeitsschritt betrieblicher Forschung zeigen wir die wichtigsten Probleme und Lösungen und geben Anhaltspunkte für die Formulierung von Forschungsberichten. Wir thematisieren darüber hinaus die betriebliche *Personalstatistik* sowie die Datenerfassung und -verarbeitung in *Personalinformationssystemen*.

Abschließend zeigen wir die ethischen, vor allem aber die rechtlichen *Grenzen der Personalforschung* auf: Vorschriften des Datenschutzes, der Persönlichkeitsrechte und der betrieblichen Mitbestimmung durch den Betriebsrat sind bei der Informationsgewinnung zu beachten.

Literatur

Die fett gekennzeichneten Literaturverweise sind besonders gut dazu geeignet, die Inhalte des Skriptes nachzuarbeiten bzw. zu vertiefen.

Weitere Hinweise finden Sie auf unserer speziell auf dieses Buch und auf das Thema Personalforschung ausgelegte website:

http://www.hrmresearch.de

Albrecht, G. 1975: Nicht-reaktive Messung und Anwendung historischer Methoden, in: van Koolwijk, J.; Wieken-Mayser, M. (Hg.): Techniken der empirischen Sozialforschung, Band 2: Untersuchungsformen, München, S. 9-81

Assenmacher, W. 2003: Deskriptive Statistik, 3. verb. Aufl., Berlin u.a.

Atteslander, P. 2003: Methoden der empirischen Sozialforschung, 10. neubearb. und Aufl., Berlin, New York

Backhaus, K. 2003: Multivariate Analysemethoden: eine anwendungsorientierte Einführung, 10. neu bearb. und erw. Aufl., Berlin u.a.

Bailey, K. D. 1994: Typologies and Taxonomies. An Introduction to Classification Techniques, Thousand Oaks u.a.

Beck-Bornholdt, H-P.; Dubben, H.-H. (2001): Der Schein der Weisen. Irrtümer und Fehlurteile im täglichen Denken. Hamburg

Becker, F. G.; Martin, A. (Hg.) 1993: Empirische Personalforschung. Methoden und Beispiele, München, Mering

Benninghaus, H. 2001: Einführung in die sozialwissenschaftliche Datenanalyse, 6. überarb. Aufl., München, Wien

Borg, I. 2000: Führungsinstrument Mitarbeiterbefragung. Theorien, Tools und Praxiserfahrungen, 2. überarb. und erw. Aufl., Göttingen

Bortz, J.; Döring, N. 2002: Forschungsmethoden und Evaluation für Sozialwissenschaftler, 3. überarb. Aufl., Berlin u.a.

Bortz, J.; Lienert, G.A.; Boehnke, K. 2000: Verteilungsfreie Methoden in der Biostatistik, 2. korrigierte und aktualisierte Aufl., Berlin u.a.

Bortz, J.; Lienert, G.A., 2003: Kurz gefasste Statistik für die klinische Forschung, 2., aktualisierte und bearb. Aufl., Berlin u.a.

Breisig, T. 1993: Personalforschung und Betriebsrat – Facetten eines getrübten Verhältnisses, in: Becker, F. G.; Martin, A. (Hg.): Empirische Personalforschung. Methoden und Beispiele, München, Mering, S. 219-240

Bronner, R.; Appel, W.; Wiemann, V. 1999: Empirische Personal- und Organisationsforschung, München, Wien

Bungard, W.; Lück, H.E. 1995: Nichtreaktive Verfahren, in: Flick, U.; von Kardorff, E.; Keupp, H.; von Rosenstiel, L.; Wolff, S. (Hg.): Handbuch Qualitative Sozialforschung: Methoden und Anwendungen, 2. Auflage, Weinheim, S. 198-203

Carmines, E.G.; Zeller, R.A. 1979: Realibility and Validity Assessment, Beverly Hills, London

Däubler, W. 1998: Das Arbeitsrecht 2, 11. Aufl., Reinbek b. Hamburg

Diekmann, A. 2003: Empirische Sozialforschung. Grundlagen, Methoden, Anwendungen, 10. Aufl., Reinbek b. Hamburg

Domsch, M.; Schnebele, A. 1992: Mitarbeiterbefragungen, in: Gaugler, E.; Weber, W. (Hg.): Handwörterbuch des Personalwesens, 2. Aufl., Stuttgart, Sp. 1375-1387.

Drumm, H.J. 2000: Personalwirtschaft, 4. überarb. und erw. Aufl., Berlin u.a.

Edwards, R. 1981: Herrschaft im modernen Produktionsprozess, Frankfurt/M.

Esser, H. 1986: Können Befragte lügen? Zum Konzept des „wahren Wertes" im Rahmen der handlungstheoretischen Erklärung von Situationseinflüssen bei der Befragung, in: Kölner Zeitschrift für Soziologie und Sozialpsychologie, S. 314-336

Fiedler, F.A. 1967: A Theory of Leadership Effectiveness, New York

Flick, U. 2000: Qualitative Forschung. Theorie, Methoden, Anwendung in Psychologie und Sozialwissenschaften, Orig.-Ausg., 5. Aufl., Reinbek b. Hamburg

Friedrichs, J. 1990: Methoden empirischer Sozialforschung, 14. Aufl., Opladen

Gill, J., Johnson, P. 1997: Research Methods for Managers, 2. Aufl., London

Hackman, J. R.; Oldham, G. R. 1980: Work Redesign, Reading, M. A.

Hardt, G. 1999: Evaluation von Qualifizierungsmaßnahmen mit Hilfe qualitativer Methoden, Diplomarbeit Universität GH Essen

Hartung, J.; Elpelt, B.; Klösener, K.-H. 2002: Statistik. Lehr- und Handbuch der angewandten Statistik, 13. Unwesentlich veränd. Aufl., München, Wien

Herzberg, F.; Mausner, B.; Snyderman, B.B. 1959: The Motivation to Work, New York u.a.

Huber, O. 2000: Das psychologische Experiment. Eine Einführung, 3. Auflage, Bern u.a.

Jeserich, W. 1991: Mitarbeiter auswählen und fördern : Assessment-Center-Verfahren, 6. Aufl., München

Karsunke, Y.; Wallraff, G. 1970: Fragebogen für Arbeiter, in: Enzensberger, H.M. (Hg.): Kapitalismus in der Bundesrepublik. Kursbuch Nr. 21, Berlin, S. 2-16

Kieser, A. 2004: Human Relations-Bewegung und Organisationspsychologie, in: Kieser, A. (Hg.): Organisationstheorien, 4. Aufl., Stuttgart u.a., S. 101-131

Klages, H. 1987: Indikatoren des Wertewandels, in: Rosenstiel, L.v.; Einsiedler, H.; Streich, R. (Hg.): Wertewandel als Herausforderung für die Unternehmenspolitik, Stuttgart, S. 1-16

Kluge, S. 2000: Empirisch begründete Typenbildung in der qualitativen Sozialforschung, in: Forum Qualitative Sozialforschung, Vol. 1, No. 1

Kotthoff, H. 1981: Betriebsräte und betriebliche Herrschaft. Eine Typologie von Partizipationsmustern im Industriebetrieb, Frankfurt/M., New York

Kroeber-Riel, W.; Weinberg, P. 2003: Konsumentenverhalten, 8. aktualisierte und erg. Aufl., München

Kromrey, H. 1998: Empirische Sozialforschung. Modelle und Methoden der Datenerhebung und Datenauswertung, 8. Aufl., Opladen

Kuckartz, U. 1999: Computergestützte Analyse qualitativer Daten, Opladen

Lamnek, S. 1995: Qualitative Sozialforschung. Bd. 2: Methoden und Techniken, 3. Aufl., Weinheim

Liebig, B.; Nentwig-Gesemann, I. 2002: Gruppendiskussion, in Kühl, S.; Strodtholz P. 2002: Methoden der Organisationsforschung, Reinbeck bei Hamburg, S. 141-174

Lienert, G.A.; Raatz, U. 1998: Testaufbau und Testanalyse, 6. Aufl., Weinheim

Likert, R. 1932: A Technique for the Measurement of Attitudes, in: Archives of Psychology, No. 140, S. 1-55

Mangold, W. 1973: Gruppendiskussionen, in: König, R. (Hg.): Handbuch der empirischen Sozialforschung, Bd. 2: Grundlegende Methoden und Techniken der empirischen Sozialforschung, Stuttgart, S. 228-259

Martin, A. 1994: Personalforschung, 2. Aufl., München, Wien

Maslow, A.H. 1977: Motivation und Persönlichkeit, Olten, Freiburg i. Brsg.

Matiaske, W. 1992: Wertorientierungen und Führungsstil, Frankfurt/M. u.a.

Matiaske, W. 1996: Statistische Datenanalyse mit Mikrocomputern, 2. Aufl., München, Wien

Matiaske, W. 2004: Personalforschung, in: Gaugler, W.; Oechsler, W.A.; Weber, W. (Hg.): Handwörterbuch des Personalwesens, 3. Aufl., Stuttgart, Sp. 1521-1533

Mayrhofer, W. 1993: Nonreaktive Methoden, in: Becker, F.; Martin, A. (Hg.): Empirische Personalforschung. Methoden und Beispiele. Sonderband der Zeitschrift für Personalforschung, S. 11-31

Mayring, P. 2003: Qualitative Inhaltsanalyse. Grundlagen und Techniken, 8. Aufl.; Weinheim, Basel

Mayring, P. 2002: Einführung in die qualitative Sozialforschung, 5. Aufl., München

Modrow-Thiel, B. 1993: Qualitative Interviews – Vorgehen und Probleme, in: Becker, F. G.; Martin, A. (Hg.): Empirische Personalforschung. Methoden und Beispiele, München, Mering, S. 129-146

Moser, H. 1995: Grundlagen der Praxisforschung, Freiburg i. Brsg.

Neuberger, O. 1974a: Theorien der Arbeitszufriedenheit, Stuttgart

Neuberger, O. 1974b: Messung der Arbeitszufriedenheit, Stuttgart

Neuberger, O. 1994: Personalentwicklung, 2. durchges. Aufl., Stuttgart

Neuberger, O. 1997: Personalwesen 1, Stuttgart

Oechsler, W.A. 2000: Personal und Arbeit, 7. Aufl., München

Osterloh, M.; Tiemann, R. 1993: Plädoyer für eine interpretative Personalforschung: Konzeptionelle Überlegungen zur Anwendung qualitativer Methoden, in: Becker, F. G.; Martin, A. (Hg.): Empirische Personalforschung. Methoden und Beispiele, München, Mering, S. 93-109

Prümper, J.; Hartmannsgruber, K.; Frese, M. 1995: KFZA. Kurz-
Fragebogen zur Arbeitsanalyse, in: Zeitschrift für Arbeits- und Organisationspsychologie, 39. Jg., H. 3, S. 125-132

Satzer, R. 1991: Belegschaftsbefragungen. Ein Handbuch, Köln

Scheuch, E. K. 1974: Auswahlverfahren in der Sozialforschung, in:
König, R. (Hg.): Grundlegende Methoden und Techniken der empirischen Sozialforschung. Bd. 3a, 3. Aufl., Stuttgart, S. 1-96

Schmidt, K.-H.; Kleinbeck, U. 1999: Job Diagnostics Survey (JDS –
deutsche Fassung), in: Dunckel, H. (Hg.): Handbuch psychologischer
Analyseverfahren, Zürich, S. 205-230

Schmitt, N.W.; Klimoski, R.J. 1991: Research Methods in Human
Resources Management, Cincinnati

**Schnell, R.; Hill, P.B.; Esser, E. 1999: Methoden der empirischen
Sozialforschung, 6., völlig überarb. und erw. Aufl., München, Wien**

Schuler, H. 1980: Ethische Probleme psychologischer Forschung, Göttingen

Schuler, H. 2000: Psychologische Personalauswahl, 3. unveränd. Aufl.
Göttingen

Schulte, C. 1990: Kennzahlensystem für die Steuerung der betrieblichen
Personalarbeit, in: Zeitschrift für Personalforschung, 4. Jg., H. 4, S.
351-365

Schultz-Gambard, J.; Bungard, W. 1997: Gruppendiskussionsverfahren,
in: Bungard, W.; Jöns, I. (Hg.): Mitarbeiterbefragungen. Ein Instrument des Innovations- und Qualitätsmanagements, Weinheim, S. 114-
129

Spector, P.E. 1992: Summated Rating Scale Construction, Newbury Park
u.a.

Spöhring 1995: Qualitative Sozialforschung, 2. Aufl., Stuttgart

Thornton, G.C.III; Gaugler, B.B.; Rosenthal, D.B.; Bentson, C. 1986: Die prädiktive Validität des Assessment Centers – eine Metaanalyse, in: Schuler, H.; Stehle, W. (Hg.): Assessment Center als Methode der Personalentwicklung, Göttingen, S. 36-60

Wagner, H.; Sauer, M. 1992: Personalinformationssysteme, in: Gaugler, E.; Weber, W. (Hg.): Handwörterbuch des Personalwesens, 2. Aufl., Stuttgart, Sp. 1711-1723

Wallraff, G. 2000: Ganz unten, 13. Aufl., Köln

Weber, W. 1992: Personalforschung, in: Gaugler, E.; Weber, W. (Hg.): Handwörterbuch des Personalwesens, 2. Aufl., Stuttgart, Sp. 1690-1700

Weber, W. u.a. 1994: Betriebliche Bildungsentscheidungen – Entscheidungsverläufe und Entscheidungsergebnisse, München, Mering

Weber, W.; Mayrhofer, M.; Nienhüser, W. 1993: Grundbegriffe der Personalwirtschaft, Stuttgart

Wimmer; P.; Neuberger, O. 1998: Personalwesen 2, Stuttgart

Stichwortverzeichnis

Albert Martin, Werner Nienhüser (Hg.):
Neue Formen der Beschäftigung – neue Personalpolitik?

Sonderband 2002 der Zeitschrift für Personalforschung
ISBN 3-87988-667-9, Rainer Hampp Verlag, München und Mering 2002, 280 S., € 27.80

Neue Beschäftigungsformen (wie z.B. Neue Selbständigkeit, befristete Beschäftigung, aber auch Telearbeit) lassen sich keineswegs voraussetzungslos nutzen; zudem haben sie in personalwirtschaftlicher Hinsicht nicht nur positive Konsequenzen. Die Autoren des Bandes „Neue Formen der Beschäftigung und Personalpolitik" analysieren deshalb, welche betrieblichen, personalwirtschaftlichen, rechtlichen, teilweise auch: welche gesellschaftlichen Voraussetzungen erfüllt sein müssen, damit Neue Beschäftigungsverhältnisse die von den Unternehmen erwünschten Wirkungen zeigen. Die Beiträge widmen sich der Frage, welche kurzfristigen und vor allem welche langfristigen personalwirtschaftlichen Folgen aus den Neuen Beschäftigungsverhältnissen resultieren werden. Die Autorinnen und Autoren zeigen, daß die Neuen Beschäftigungsverhältnisse eine ganze Reihe von (für Arbeitgeber und Arbeitnehmer) dysfunktionalen Wirkungen mit sich bringen werden (z.B. Führungs-, Motivations- und Entlohnungsprobleme), und sie gehen darauf ein, ob und gegebenenfalls wie sich diese Probleme handhaben lassen.

Günter K. Stahl, Wolfgang Mayrhofer, Torsten M. Kühlmann (Hg.):
Internationales Personalmanagement. neue Aufgaben, neue Lösungen

ISBN 3-87988-905-8, Rainer Hampp Verlag, München und Mering 2005, 370 S., € 34,80

Die mit dem Schlagwort der „Globalisierung" beschriebenen Wandlungsprozesse machen auch vor der Arbeitswelt nicht Halt und stellen das Personalmanagement vor neue Aufgaben. Hierzu gehören etwa grenzüberschreitende Fusionen und strategische Allianzen, die Zusammenarbeit in multinationalen – und oftmals virtuellen – Teams, grenzenlose Karrieren, weltweite Führungskräfteentwicklung, globales Outsourcing sowie die Schaffung von Koordinationsinstrumenten – eines „common glue" –, die die weltweit verstreuten Unternehmensteile zusammenhalten. Das vorliegende Buch greift diese Entwicklungen auf und stellt aktuelle Forschungsergebnisse und Lösungsansätze in verschiedenen Aufgabenfeldern des internationalen Personalmanagement vor. Die internationale Ausrichtung spiegelt sich nicht nur in der Wahl der Themen, sondern auch in der Zusammensetzung der Autoren wider. International renommierte Forscher und führende Personalmanagementexperten aus dem deutschsprachigen Raum greifen von der ‚üblichen' Sichtweise abweichende theoretische Ansätze, empirische Ergebnisse und praktische Entwicklungen auf und machen so neuere Entwicklungen im internationalen Personalmanagement sichtbar.

Schlüsselwörter: Internationales Personalmanagement, Human Resource Management, Globalisierung, International Leadership, Behavior in Multinational Organizations